森林报·秋

[苏]比安基／著　李菲／编译

内蒙古出版集团
内蒙古文化出版社

图书在版编目（CIP）数据

森林报·秋 /（苏）比安基著；李菲编译. —呼伦贝尔：内蒙古文化出版社，2012.7

ISBN 978-7-5521-0086-0

Ⅰ．①森… Ⅱ．①比… ②李… Ⅲ．①森林–普及读物

Ⅳ．① S7–49

中国版本图书馆 CIP 数据核字（2012）第 170762 号

森林报·秋

（苏）比安基 著

责任编辑：姜继飞

出版发行：内蒙古文化出版社

地 址：呼伦贝尔市海拉尔区河东新春街4付3号

直销热线：0470-8241422 邮编：021008

印 刷：三河市同力彩印有限公司

开 本：787mm×1092mm 1/16

字 数：200千

印 张：10

版 次：2012年10月第1版

印 次：2021年6月第2次印刷

印 数：5001–6000

书 号：ISBN 978-7-5521-0086-0

定 价：35.80元

内容简介

虽说《森林报》的名字带了一个"报"字，但是却不是一般意义上的报纸，因为它报道的是森林的事，森林里飞禽走兽和昆虫的事。

不要以为只有人类才有很多新闻，其实，森林里的新闻一点儿也不比城市里少。那里也有它的悲喜事。那里有自己的英雄和强盗、叛徒，有自己的音乐会，有自己的声音，有自己的战争，那里也有几家欢喜几家愁。

比如：严冬里，就在列宁格勒省，有一种没长翅膀的小虫从土里钻出来，光着小脚丫在雪地上跑。还有林中大汉驼鹿打群架、候鸟南迁、秧鸡徒步走欧洲的可笑的旅程……这些你都知道吗？你在报纸上看到过吗？

本书作者是苏联的著名科普作家维·比安基。他的文笔优美，擅长描写动植物生活，笔调轻快。在他的笔下，森林中一年的12个月，层次分明、错落有致、类别清晰地展现在我们面前。在这里，你能看到栩栩如生的动物和植物，你能看到优美的风景，你能学到该如何观察大自然、该如何保护大自然。

本书是《森林报》的第三本——秋。秋天是告别的季节，候鸟南飞，林中大战也结束了；动物们都开始储备粮食，准备冬眠；树木也开始抖落树叶，准备过冬了。

维·比安基是苏联著名儿童科普作家和儿童文学家，他一生中的大部分时间都是在森林中度过的。在他三十多年的创作生涯中，他写下了大量的科普作品、童话和小说，其代表作有《森林报》《少年哥伦布》《写在雪地上的书》等。

只有熟悉大自然的人，才会热爱大自然。

1894年，维·比安基出生在一个养着许多飞禽走兽的家庭里，他的父亲是俄国著名的自然科学家。他从小就喜欢到科学院动物博物馆去看标本，跟随父亲上山打猎，跟家人到郊外、乡村或海边去住。在那里，父亲教会他怎样根据飞行的模样识别鸟儿，怎样根据脚印识别野兽……更重要的是教会他怎样观察、积累和记录大自然的全部印象。

27岁时，比安基已记下一大堆日记，他决心要用艺术的语言，让那些奇妙、美丽、珍奇的小动物永远活在他的书里。

作为他的代表作，《森林报》自1927年出版后，连续再版，深受青少年朋友的喜爱。

1959年，比安基因脑溢血逝世。

目　录

候鸟告别月（秋季第1月）

一年：12个月的太阳诗篇——9月　／2
森林中的大事　／4
森林里发来的第四封电报
告别的歌声
水晶般的早晨
最后的浆果
游泳旅行
上路了
林中大汉的战斗
等待帮手
森林里发来的第五封电报
城市新闻　／12
黑夜里的惊扰
空　袭
森林里发来的第六封电报
把采蘑菇的事儿都忘了
喜　鹊
山　鼠
秋天的蘑菇
大家都已经躲起来了！
要挨饿了！要挨饿了！
候鸟飞走过冬去了
什么鸟往什么地方飞
从西向东
铝环Φ—19357号的简史
从东往西
向北飞——飞向极夜地区

林中大战（结束篇）　／24
集体农庄生活　／27
采集种子
沟壑的征服者
我们的好想法
集体农庄新闻　／31
精选母鸡
星期日
换房间，换名字
把小偷关在瓶子里
狩　猎　／34
上当的琴鸡
好奇的大雁
六条腿的马
喇叭声
猎人们出发了
围　猎
东南西北无线电通报　／46
注意！注意！
这里是乌拉尔原始森林
这里是乌克兰草原
这里是沙漠
这里是雅马尔半岛苔原
这里是山峰，是世界的屋脊
这里是太平洋

目 录

打靶场 ／54

第7次竞赛

公 告 ／56

"神眼"称号竞赛：第6次测验

快来喂养流浪的小兔子

提前通知

粮食储备月（秋季第2月）

一年：12个月的太阳诗篇——10月 ／58

森林中的大事 ／60

准备过冬

年轻的过冬者

还来得及

储藏蔬菜

松鼠的晒台

活的储藏室

自己的身体就是储藏室

贼偷贼

夏天难道又来了吗

受惊了

真害怕呀

红胸小鸟

星鸦之谜

我逮住了一只松鼠

我的小鸭

"女妖的扫帚"

活的纪念碑

候鸟迁徙的秘密

不是那样简单

其他原因

一只小杜鹃的简史

揭穿了好几个谜，但秘密还是秘密

集体农庄生活 ／82

昨 天

新生活集体农庄的报道

又有营养，又好吃

适于百岁老人采的蘑菇

冬前播种

集体农庄的植树周

城市新闻 ／86

在动物园里

没有螺旋桨的飞机

快去看野鸭

鳗鱼的最后一次旅行

狩 猎 ／89

秋 猎

地下的搏斗

目　录

打靶场 ／98
第8次竞赛
公　告 ／102
"神眼"称号竞赛：第7次测验
人人都能够

冬客临门月（秋季第3月）

一年：12个月的太阳诗篇——11月　／102
森林中的大事 ／104
莫名其妙的现象
森林里从来都不是死气沉沉的
飞　花
北方飞来的鸟儿
东方飞来的鸟儿
这是山雀，白山雀
该睡觉了
最后的飞行
貂追松鼠
兔子的诡计
不速之客——隐身鸟
啄木鸟的打铁场
去问问熊
按照严格的计划
集体农庄新闻 ／116
吊在细丝上的房子
咱们的心眼比它们多
棕黑色的狐狸
在温室里

用不着盖厚被
助　手
城市新闻 ／122
华西里岛区的乌鸦和寒鸦
侦察员
小屋——陷阱饭厅
狩　猎 ／125
猎灰鼠
带斧头打猎
猎　貂
白天和黑夜
打靶场 ／133
第9次竞赛
公　告 ／135
"神眼"称号竞赛：第8次测验题
快来帮助挨饿的鸟儿
打靶场答案 ／136
"神眼"称号竞赛答案及解释 ／141

森林报·秋

候鸟告别月

9月21日到10月20日 太阳走进天秤宫

（秋季第1月）

No. 7

一年：12个月的太阳诗篇——9月

森林中的大事

城市新闻

林中大战（结束篇）

集体农庄生活

集体农庄新闻

狩　猎

东南西北无线电通报

打靶场

公　告

一年：
12个月的太阳诗篇
——9月

　　9月——乌云密布，狂风怒号。天空中经常会是乌云密布，风刮得越来越厉害了，秋天的第一个月份走近了。

　　秋天，像春天一样，也有一份自己的工作日程表。只是，秋天和春天不同，它是从空中开始的。高高地长在头顶的树叶，正一点一点地改变着它的颜色——变黄，变红，变褐。这个时候，叶子一见阳光不够，就立刻开始枯萎，很快就失去了它原有的碧绿颜色。在树枝上长着叶柄的地方，形成一个颓败的圆环。甚至在无风的寂静的日子里，我们会突然看见，一片片黄色的桦叶和红色的白杨树叶在空中无声地飘来飘去。

　　在清晨醒来之后，你会发现青草的上面已经结了白霜，因为初霜总是在黎明前出现。请将这记在你的日记里吧——从今天起，确切地说，应该就是从今夜起，秋天已经开始了。枝头越来越频繁地飘落着枯叶，直到最后，金风刮起，于是，森林色彩斑斓的夏装就全部被撕去了。

　　雨燕看不见了。家燕和在我们这里度夏的其他候鸟成群结伴，乘着夜色悄悄地陆续出发，开始了它们飞赴遥远南方的旅程。天上变得空荡荡的，水也变得越来越凉，人们再也不想到河里去洗澡了。

　　可是，突然——就好像为了纪念那曾经火热的夏天一样——天气又变回暖洋洋的了。宁静的空中，一根根长长的细蜘蛛丝随风飞舞着，泛着银光……田野里又闪耀出欣欣向荣的新绿。

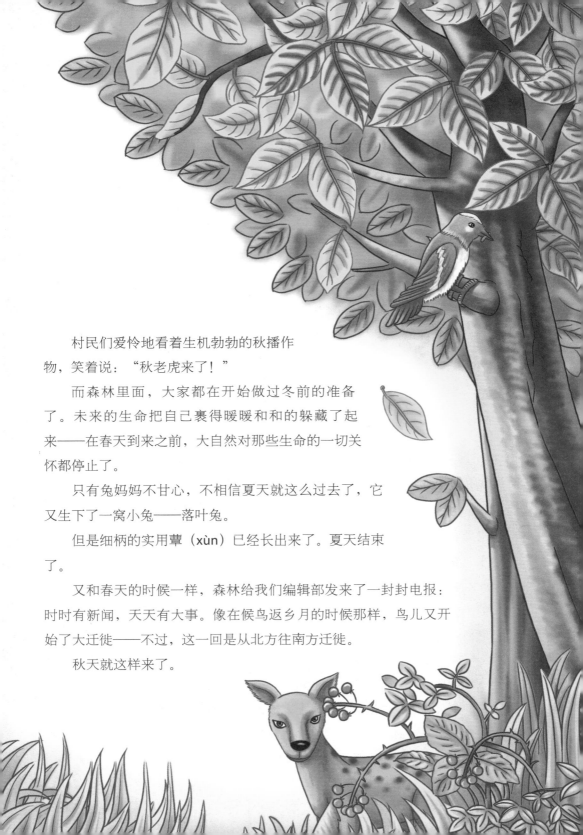

村民们爱怜地看着生机勃勃的秋播作物，笑着说："秋老虎来了！"

而森林里面，大家都在开始做过冬前的准备了。未来的生命把自己裹得暖暖和和的躲藏了起来——在春天到来之前，大自然对那些生命的一切关怀都停止了。

只有兔妈妈不甘心，不相信夏天就这么过去了，它又生下了一窝小兔——落叶兔。

但是细柄的实用蕈（xùn）已经长出来了。夏天结束了。

又和春天的时候一样，森林给我们编辑部发来了一封封电报：时时有新闻，天天有大事。像在候鸟返乡月的时候那样，鸟儿又开始了大迁徙——不过，这一回是从北方往南方迁徙。

秋天就这样来了。

森林中的大事

名家导读 ✳ ❀

9月，鸟儿们开始迁徙了，森林里还有哪些重大的事情会发生呢？动物们又都在忙些什么呢？和之前的夏天有着什么样的变化呢？

森林里发来的第四封电报

一切穿着五颜六色华丽服装的鸣禽都已经消失了。它们是如何走的呢？我们没有看见，因为它们是在半夜的时候飞走的。

许多鸟儿更喜欢在夜里旅行——这样更安全。因为在黑暗中，游隼、老鹰和其他猛禽是不会逮它们的。白天的时候，猛禽们却会从森林里飞出来，在半路上等着它们。

在海上长途飞行路线上出现了成群的水鸟——野鸭、潜鸭、大雁、鹬等。这些长着翅膀的旅客会在旅途中做短暂停留，而停留的地点则恰恰是它们春天到过的地方。

森林里的树叶逐渐变黄了。兔妈妈又生下三只小兔。这是今年的最后一窝小兔。我们管它们叫落叶兔。

每天夜里，在海湾的泥岸上，都会印上一些小十字、小点子，它们布满了整个淤泥的地面。我们在这小海湾的岸上，搭了一个小帐篷，因为我们想看看是谁在那里调皮。

告别的歌声

白桦树上，已经没有几片叶子了。在光秃秃的树冠上，孤孤单单地挂着一个椋鸟巢。主人已经离开，只留下它在那里晃来晃去。

忽然，两只椋鸟飞了过来。怎么回事？雌椋鸟飞进巢里，一本正经地忙碌起来。雄椋鸟蹲在树枝上，向四周张望，后来，它唱起歌来，悄悄地唱着关于它自己的歌儿。

忙完了，雌椋鸟就从巢里飞了出来，匆匆忙忙地向鸟群飞去。雄椋鸟就跟在它的后面。是时候了，是时候了——不是今天，就是明天，就要远行了。

它们是来跟这座小房子告别的。夏天时，它们的孩子就是在这里出生的。

它们不会忘记这座小房子。春天时，它们还会回来住。

水晶般的早晨

9月15日——秋老虎。一大早，我和平常一样，到花园里去散步。

我走出家门，才发现秋高气爽。在乔木、灌木和青草间，挂满了银色的细蜘蛛网，上面缀满了很小很小的"玻璃珠"。在每张网的正中心，都有一只蜘蛛伏在那里。

在两棵小云杉之间，有一张银色的网，在寒露衬托下就像水晶做成的一样，让人不忍触碰。蜘蛛自己则就像个小球一样，缩在网中央，一动也不动，可能它是被冻僵了，又或许它已经冻死了，可它的猎物还没有出现。

我用我的小指头轻轻地碰了一下小蜘蛛。

小蜘蛛没有反抗，竟像一颗冷冰冰的小石子那样，啪地掉到了地上。

但是，它刚落在地上的草丛中，我就看见它立刻就跳了起来，拔腿就跑，很快就藏起来了。

真是一个狡猾的小骗子！

我很想知道，它是否还会回到这面网上来，它是否还能找到这张网，或者它会再织一张新的蜘蛛网？那得费多大的心思呀！跑前跑后、打结、绕圈子，够费事的呀！

小露珠在细草尖上抖动着，就像在长长的睫毛上颤动的泪珠一样。它们闪耀着光辉，散发着喜悦。

在道路的两侧，还长着最后一批小野菊花。它们耷拉着用花瓣做的白裙子，等待着太阳温暖的拥抱。

空气稍微有点冷，却是那么纯净、透明，看上去就像水晶那样清澈。在这样的早晨，一切都是那么漂亮、清澈。缤纷多姿的树叶，被露水和蜘蛛网打扮成了银色的青草，夏天不常出现的那种很蓝很蓝的小河，让人看了心情舒畅。我看到的最难看的东西，是一棵湿淋淋的冠毛粘在一起的蒲公英，还有一只毛茸茸的无色的灰蛾，它的脑袋已经露出了肉，可能是被鸟儿啄的。回想夏天时，那些头戴千万顶降落伞的蒲公英，它们是多么神气呀！而那时的灰蛾呢，则顶着光溜溜的脑袋，浑身毛茸茸的，也都是生机勃勃的呀！

我觉得它们很可怜，于是就把灰蛾放在蒲公英上面，拿在手里，让森林上方的阳光能够照着它们。它们两个——灰蛾和花儿——又冷又湿，几乎都快要死掉了。后来，它们渐渐地活了过来，有点儿生命的迹象了：蒲公英头上的那些灰色小降落伞干了，变成了又白又轻的样子，然后升了起来；灰蛾的翅膀也逐渐恢复了它的活力，变得毛茸茸的，就如同被烟熏过一样。这两个可怜的家伙开始变得漂亮了。

在森林的角落里，有一只琴鸡正叽里咕噜地嘟哝着。

我走向灌木丛，想从灌木丛后面偷偷地绕到它的身边，看看它是怎样静静地嘟囔着自己的心事。这秋日里"啾弗啾弗"的叫声，是否能让它想起春天时做的游戏？可是还没等我走到灌木丛前，它——那只黑色的家伙——"扑棱"一声，从我的脚下飞了起来，吓了我一大跳。

原来，它就蹲在我的跟前，我还以为它离我很远呢！

这时候，远远地传来了一阵喇叭声——这是鹤在叫唤呢——它们成群结队地从森林的上空飞了过去。

它们离我们远去了。

最后的浆果

沼泽地上，那些长在泥炭墩上的蔓越橘成熟了。它们的浆果径直躺在青苔上，很远就可以看得见。可是，它们到底是长在什么东西上面——却看不到。再走近些，才能发现，在青苔"枕头"上，有一些像绒毛那样细小的茎延伸着，茎的两旁长着一些坚硬的泛着光的小叶子。

原来，这是一棵小灌木！

游泳旅行

在草地上，枯萎的草蔫头耷脑地伏在地上。

著名的竞走运动员——秧鸡，已奔赴它遥远的旅途。

在海上长途飞行线上，出现了一群群矶凫和绵凫。它们很少展开翅膀飞起来，而是潜入了水中伺机捕鱼。它们就这样游着游着，游过了湖泊和海湾。

它们甚至不需要像鸭子那样，先抬起自己身子，然后再向水下扎猛子。它们的身子太适合潜泳了，只要把头一低，然后再用脚蹼用力地蹬一下，就已经钻到水下的深处了。矶凫和绵凫在水底是那么的自在，那是它们的领地。任何一种长翅膀的猛禽都追不上它们。一旦它们游起来，连鱼儿也追不上。

上路了

每天，每夜，都会有一批批长着翅膀的旅客上路。它们一点儿都不着急，就这样慢慢地飞着。它们歇息的时间很长，这和春天的时候是不一样的。可以看出，它们是不愿意离开故乡的！

它们搬家的顺序跟来的时候正好相反。现在，第一批飞走的是那些色彩鲜艳的、花花绿绿的鸟儿，最后动身的则是春天最先飞来的燕雀、百灵、鸥鸟等。

鸟儿大多数直接飞向了南方——法国、意大利、地中海、非洲。还有一些鸟儿向东飞：经过乌拉尔，再经过西伯利亚，最后飞到印度去；有的甚至会飞去美国。几千公里的路程，在它们的脚下也只是一闪而过。

阅读理解

秧鸡，体形大小变化很大：小者如麻雀，大者如小鸡，栖于稠密的草丛中，鸣声响亮。

林中大汉的战斗

傍晚的时候，森林里传出了低沉的短吼声。从密林里走出了林中大汉——长着犄角的公麋鹿。它们用自己低沉的吼声——就像是从内脏里发出来的一样——向它们的对手发出挑战信号。

战士们在空地上遭遇了。它们用蹄子刨着地，摇晃着笨重的犄角，威慑着敌人。它们的眼睛里布满血丝，突然，战斗开始了。它们低下用大犄角武装的脑袋，互相撞击，发出犄角的劈裂声和撞击发出的嘎嘎声，犄角相互钩在一起。它们用巨大的身躯，猛烈地撞击着对方，拼命想扭断对手的脖子。

分开——再冲上去，麋鹿们时而把前身弯到地，时而又用后腿立起来，它们都想用自己的犄角杀死对方。

笨重的犄角一旦撞击，就会传出"轰隆轰隆"的声音。有人把公麋鹿叫做犁角兽——它们的犄角又宽又大，就像犁似的。

经常会有这样的情况——有的公麋鹿在战败后，就急急忙忙地从战场上逃走了；有的被可怕的大犄角撞断了脖子，流出了鲜血；有的则被战胜的公麋鹿用锋利的蹄子踢死。于是，震耳的吼声传遍了整个森林，那是犁角兽在庆祝它的胜利呢。

在森林深处，一只没有犄角的母麋鹿在等着它。胜利的公麋鹿成了这个地方的主人。

胜利者绝不允许别人进入它的领地。它甚至连年轻的小麋鹿也不放过，只要一看见，就会立刻把它们驱逐出去。

它那低沉的吼声，就像巨雷一样响彻周边。

阅读理解
此处破折号的使用，具有解释说明的作用。"内脏发出的声音"生动、形象地展现了公麋鹿吼声的低沉、浑厚，给读者留下了深刻的印象。

等待帮手

乔木、灌木和青草，都在急急忙忙地安排着子孙后代的生活。

从槭树枝上垂下来一对对的翅果。它们已经开裂了，就等着

风儿一吹，把它们带走，播种出去。

期待风儿快点吹过来的还有草族人民：在高高的长茎上，从干燥的花盘里伸出一串串华丽的、蚕丝般的灰色茸毛；香蒲的茎顶端穿上了褐色的"小皮袄"，长得比沼泽里的草还高；山柳菊的毛茸茸的小球，已经准备好在晴朗的日子里随风飘散。

还有数不清的草儿，它们的果实上长着或长或短的细毛，有的很普通，也有的像羽毛一样。

在收割过的田里、路两边和水沟旁，植物们正在等待的对象已经不是风了，而是四条腿的动物或两条腿的人。长着干燥的尖尖的花盘的牛蒡（bāng），紧紧地拽着它自己菱形的种子，等待着敌人上钩；狗尾草喜欢用它的黑色的三角形果实去戳行人的袜子；带钩刺的猪秧秧，它的果实又小又圆，喜欢钩住人的衣衫不放，只有用毛绒才可以把它擦掉。

森林里发来的第五封电报

我们躲了起来，偷偷地观察到了在海湾沿岸的淤泥地上印上了这些小十字和小点子的是谁。

原来，这是滨鹬干的好事儿！

在遍布淤泥的小海湾里，有它们自己的一家小饭馆。它们有时会在这儿休息，吃点东西。它们迈着自己的大长腿，在这片柔软的淤泥上走来走去，所以，就留下了许多三个分得很开的脚趾印。那些淤泥里的小点子，是它们用自己的长嘴插的，它们想吃早饭的时候，就会把长嘴伸到淤泥中去寻找小虫子。

我们捉到了一只鹬，它在我们家房顶上整整住了一个夏天。我们在它的脚上套了一个很轻的金属环（铝制的），还在环上刻了一行字：莫斯科，请通知鸟类研究会，A—241195。后来，我们把它放走了，让它带着自己的脚环。如果有人在它过冬的地方捉住了它，我们就能够从报上得知，我们的鹳冬天的住所在哪里。

森林里的树叶已经全部改变了颜色，开始往地下飘落了。

名家点拨

通过作者的介绍，我们了解到了秋天到来后，在森林里有哪些新的事情发生。鸟们开始迁徙，树叶开始凋零，动物们也不再那么精力无限，而是变得懒散无力了，等等。为了描述这一变化，作者列举了森林中点点滴滴的生活画面，给读者一种身在秋天的感觉。

城市新闻

名家导读 *

9月的时候，秋天初来。生活中到处都发生了重大的变化。那么，城市里又有哪些新的情况呢？城市里又发生了哪些事情呢？

黑夜里的惊扰

几乎天天夜里，城郊的家禽们都会受到惊扰。

院子里面一片乱哄哄的，人们听见了，就从自己的床上跳了下来，把头伸向窗外去看。怎么啦？出什么事儿啦？

在下面的院子里，家禽们都在使劲儿地扑扇着它们的翅膀，鹅"咯咯"地叫着，鸭子"嘎嘎"地吵着。难道是黄鼠狼来咬它们来了？又或者是狐狸钻进来了吗？

可是，有什么样的狐狸和黄鼠狼，能够从铁门进来，钻到石头围墙里面呢？主人们认真地检查了一遍院子，看了看家禽窝，一切正常，什么异样也没有。这么坚固的锁，这么结实的门，谁也不可能偷偷钻进来的。也许，只不过是家禽做了噩梦吧！现在，它们不是已经安静下来了吗？人们又躺到了自己的床上，放心地睡着了。

可是，一小时后，又传来了"咯咯""嘎嘎"的声音。又乱了，怎么回事儿呀？那里到底怎么了？

赶快打开窗户，躲起来，仔细听。星星发出金色的光芒，在黑糊糊的夜空中一闪一闪的。一切又静悄悄的了。

快看，好像有一些模糊的影子从空中飞过去了，它们排着长队，把天上星星的金色的"火光"都给遮住了。你听，好像有一阵轻轻的、断断续续的啸声，从那边模模糊糊地传了过来。

阅读理解

不难想象，这些模糊的影子正是那些迁徙的鸟在夜晚不停地飞翔。

院子里的家鸭和家鹅一下子都醒过来了。这些早已经忘记什么是自由的鸟儿，此刻却莫名其妙的很冲动，它们不停地扇着自己的翅膀，踮着脚掌，伸长脖子，凄苦地叫着。

在高高的夜空里，自由的野生姐妹们正在呼唤着它们。在石头房子的上空，在铁房盖的上面，那些长着翅膀的旅行家，一群又一群地飞过，拍打着翅膀发出"呼呼"的声音。野生的大雁和家禽们呼应着，叫喊着。

"咯咯咯！上路吧！上路吧！远离寒冷！远离饥饿！上路吧！上路吧！"

候鸟响亮的召唤声渐渐远去了；而那些在石头院里，早已忘记怎样飞行的家鸭和家鹅们，却还在乱喊乱叫，吵个不休。

空 袭

在列宁格勒的伊萨基耶夫斯基广场上面，在行人的面前，一出白日空袭的好戏

上演了。

一群鸽子刚刚从广场上起飞。突然，在伊萨基耶夫斯基大教堂的圆屋顶上，一只巨大的游隼"呼"的一声飞了出来，向最边上的那只鸽子猛扑了过去——眨眼间，空中鸽毛乱舞。

行人们看见那群受到惊吓的鸽子，都慌慌张张地藏到一幢大房子的屋顶下面去了；而那只大游隼，用脚爪抓住战利品，慢慢悠悠地飞回了大教堂的顶上。

大游隼的必经之路正好通过我们城市的上空。这些强盗，喜欢把老巢建在教堂的圆屋顶和钟楼上，因为从这里观察猎物非常方便。

森林里发来的第六封电报

清晨的寒气袭来了。

在一些灌木丛上面，叶子就如同被刀削过了一样。风一吹，就如雨点般飘落了下来。

蝴蝶、苍蝇、甲虫都躲到了属于它们自己的地方去了。

那些会鸣叫的候鸟，急急忙忙地穿过一片片丛林和小树林：它们已经感到饥饿了。

只有鹆鸟不抱怨肚子饿，它们成群结队地扑向了熟透的山梨。

寒风在光秃秃的森林里打着呼哨。树木都沉浸在了美梦里。森林里再也听不到歌声了。

把采蘑菇的事儿都忘了

9月，我和同学们去树林里一块儿采蘑菇。在那里，我吓跑了4只灰色的榛鸡。它们的脖子都是短短的。

接着，我看见了一条死蛇，它被晒得干干的，悬挂在树枝上。树干上有个小洞，从那里传来了嘶嘶的叫声。我想，那应该是个蛇

洞，于是就赶紧从那个可怕的地方跑开了。

后来，当我快走到沼泽地时，我看到了有生以来从没有见过的东西：7只鹤就像一群绵羊一样，从沼泽地上慢慢地升了起来——在这之前，我只是在学校的图书上看见过鹤。

大家伙每人都采了满满的一篮蘑菇，可我却一直在树林里乱逛。到处都有鸟儿时隐时现，婉转啼鸣。

当我们回家时，一只兔子从路上跑过，它的全身都是灰色的，只有脖子和后脚上是白的。

我绕开了那个有蛇洞的树墩。我们还看见了许多大雁，它们飞过了我们的村庄，大声地咯咯叫着。

喜 鹊

春天的时候，村里的孩子们捣毁了一个喜鹊巢。从他们那儿我买了一只小喜鹊。只过了一昼夜，它就开始听我的话了。第二天，它就乖乖在我手里吃东西、喝水了。我们叫它"魔法师"。它习惯了这个称呼，叫它的名字的时候，它就会立刻做出反应。

当翅膀长成了以后，喜鹊总喜欢飞到门上蹲着。厨房里摆着一张带抽屉的桌子。抽屉里面总放着一些食物。经常是，

你一拉开抽屉，喜鹊就立刻从门上飞过来——急急忙忙地吃抽屉里面的东西，有什么就吃什么。拖它走时，它还乱叫，不肯出来呢！

我去打水时，就喊一声："'魔法师'，和我一起去！"

它就会落在我的肩膀上，和我走了。

我们喝茶时，喜鹊总是第一个忙起来。它又是抓糖，又是抓甜面包，有时候还会把爪子伸到滚烫的牛奶里去。

最可笑的是，曾经有一次，我到菜园的胡萝卜地里去拔草，"魔法师"就蹲在地垄沟上瞧着我，好像在询问我在做什么。看了一会儿，它也开始学着我的样子，把一根根绿茎从地垄沟上拔起来，放到一块儿——它在帮我除草呢！不过，它可是分不清楚杂草和胡萝卜苗的，索性一起都给揪下来。真是个好助手呀！

山　鼠

我们大家正在挑土豆，忽然，在我们的牲畜栏的地里面，好像有一个东西"沙沙"地动了起来。这时跑来了一条狗，用它的鼻子闻着。好像有只小兽在地里面钻来钻去。于是，狗就用爪子开始刨坑，一边刨，一边"汪汪"地叫，因为那小兽正朝着它钻过来。狗挖了个小坑，差点儿就可以看到小兽的头了。

后来，狗又继续把坑挖大了一些，便把小兽给拖了出来。小兽竟突然咬了狗一口，狗便急忙把小兽抛了出去，冲着它愤怒地吼叫起来。小兽的个头有小猫那么大，一身天蓝色的毛，夹杂着些许的黄色、黑色、白色。这种小兽就是山鼠。

秋天的蘑菇

现在，森林里处处都是凄凄惨惨的！——光秃秃，潮乎乎，散发着落叶糜烂的气息。唯一能让人高兴的就是洋口蘑长出来了。看着它，人们的心里就挺安慰的。它们有的一堆堆地聚集在树墩上面；有的已经爬上了树干；有的散落在了地上，仿佛过着离群索居的日子，独自在这里徘徊。

看上去让人感到欣慰，采起来也让人高兴。几分钟的时间就可以采一小篮，而且还可以好好挑挑，只选蘑菇的帽子。

小洋口蘑可真好，它们的帽子紧紧的，就如同孩子们头上戴的那种无檐小帽，帽子的下面是一条白色的小围巾。过不了几天，无檐小帽就会变成一顶真正的帽子，围巾也会变成一条小领子了。

整个帽子上都长着烟熏般的小鳞片。它是什么颜色的？这很难说，反正是一种使人心情舒畅的、宁静的淡褐色。小洋口蘑的帽子下的蕈褶是白色的，老洋口蘑是近似浅黄色的。

你是否注意到，当老蘑菇的帽檐盖到小蘑菇帽子上时，小蕈帽上就如同涂上了一层粉似的？你肯定会想："或许是它们长霉了吧。"但马上你就明白过来："这是孢子——是从老蕈帽下面撒下来的。"如果你想要吃洋口蘑，你就必须记住它们的特点。在市场上，人们经常会把毒蕈错认做洋口蘑。有些毒蕈也生在树墩上，很像洋口蘑。不过，毒蕈的蕈帽下没有领子，蕈帽上没有鳞片，蕈帽的颜色是鲜艳的黄色和粉红色，帽褶有的是黄色，有的是淡绿色；而孢子呢，则都是暗淡的颜色。

大家都已经躲起来了！

天气已经越来越冷了。

火热的夏天已经过去了。

血液都快要冻成冰了，大家都不想动弹，变得懒洋洋的，老是想睡觉。

长着尾巴的蝾螈，整个夏天都住在池塘里面，一次都没有出

来过。现在，它爬上岸来，慢慢地、步履艰难地来到了树林里。它找到了一个腐烂的树墩，就钻进了树皮里，蜷缩着身体睡着了。

青蛙却正好和它相反。它们从岸上跳进了池塘，潜入到池底，钻进了淤泥深处。蛇和蜥蜴则躲到树根底下，身上盖上了暖和的青苔。鱼儿成群结队游到深水里，在那儿挤在一起过冬。

蝴蝶、苍蝇、蚊虫、甲虫，这些小家伙要么钻进树皮，要么钻进了围墙裂缝，都藏起来了。蚂蚁堵上了所有的大门，它们的城市有一百多个出入口，现在都已经全部给封锁起来了。它们要到这个高高的城市的最里面去，在那儿挤作一堆，拥成一团，就这样一动也不动地入睡了。

要挨饿了！要挨饿了！

对于那些热血动物，就如鸟儿呀、野兽呀，寒冷倒不是十分可怕。它们只要有东西吃就可以了，食物会使它们的身体像生了火炉一样暖和。可是，饥饿总是随着寒冷一同光临。

蝴蝶、苍蝇、蚊虫都已经躲藏了起来，于是，蝙蝠没有东西吃了。它只能躲到树洞里、石穴里、岩缝里和阁楼顶上。它们倒挂着，用后脚爪抓住某种东西，缩起了斗篷似的翅膀——睡着了。

青蛙、癞蛤蟆、蜥蜴、蛇、蜗牛，全部都躲起来了。刺猬躲在树根下的草穴里。獾也很少出洞了。

候鸟飞走过冬去了

从天上看秋天

真想从天空中看看我们这片无边无际的国土。秋天的时候，乘着气球升到高空，升得比静止的森林还要高，比飘动着的白云还要高，最好离地面30千米。即便这样，你也仍然看不见国土的边缘。当然，如果天空晴朗，没有云层遮盖大地的话，视野还是非常开阔的。

从这个高度往下看去，似乎我们的整个大地都在运动，有一种什么东西在森林、草原、高山和海洋的上方运动着。

啊，原来是鸟群，许许多多的鸟群。

我们这里的候鸟儿，离开了故乡，飞到过冬的地方去了。

当然，也有某些鸟儿留了下来，比如麻雀、鸽子、寒鸦、灰雀、黄雀、山雀、啄木鸟和其他的小鸟，除了鹌鹑以外的所有野鸡、鸲鹰和大猫头鹰。冬天的时候，这些猛禽冬天在我们这里也很少有活干，大多数鸟儿还是会选择离开。鸟儿从夏末的时候就开始出发了。最先飞走的，就是春天的时候最后飞来的那一批。鸟儿的迁徙要持续整整一个秋天，直到河水被冻上冰为止。最后离开我们的，也就是春天最先飞来的那一批——秃鼻乌鸦、云雀、椋鸟、野鸭、鸥。

什么鸟往什么地方飞

你们可能在想：一群群的鸟儿都是从同温层飞向越冬地，都是从北往南飞，不是吗？

那你就错了！

不同的鸟儿会在不同的时间段飞走，它们大多数会选择在夜间飞行，因为这样更安全。但是，不是所有的鸟都是从北往南，飞到很远的地方去过冬。秋天时，有些鸟是从东向西飞。另外的一些鸟则正好相反——从西向东飞。我们这里还有一些鸟，直接飞到了北方去过冬。

我们的专业记者发来无线电报，利用无线电广播向我们报道：什么鸟儿往什么地方飞，长着翅膀的旅行家们在路上身体怎么样。

阅读理解
此句在全文中起了承上启下的作用。

从西向东

红色的朱雀——金丝雀，在鸟群里面聊着天——"切一！切一！"早在8月里，它们就已经开始旅行了——从波罗的海边，穿越列宁格勒省区和诺夫戈罗德省区，它们不慌不忙地飞着。哪里都有食物，足够吃喝了，忙什么呀？又不是急着回家去筑巢，也不急着养育小宝贝。我们在它们迁徙的途中看到，它们飞过了伏尔加河，飞过了乌拉尔一座不高的山岭，现在它们正在巴拉巴——西伯利亚西部的草原上呢。它们一天天地向东飞去，向着太阳升起的方向飞去。它们穿过了一片片丛林。在整个巴拉巴草原上，到处都是白桦树林。

它们尽可能会选择在夜里出发，白天休息、吃食物。虽然它们都是成群结队地飞，而且群里的小鸟会随时保持着警惕，可是灾祸还是会不可避免地发生。只要稍一疏忽，它们就会被老鹰捉去一两只。西伯利亚的猛禽实在是太多了，比如雀鹰、燕隼、灰背隼。它们飞得太快了！每次，小鸟从一片丛林飞往另一片丛林时，不知道要被那些猛禽捉去多少。晚上倒会好一些。虽然猫头鹰很凶残，但毕竟数量不多。

在西伯利亚，沙雀改变了它们的方向。它们要飞过阿尔泰山脉，飞过蒙古沙漠。在这艰难的旅途上，有多少可怜的小鸟儿要送掉性命呀！一直飞到了炎热的印度——它们在那儿过冬，才能放心。

铝环Ф—197357号的简史

我们这儿（俄罗斯）的一位青年科学家，把一只轻巧的小金属环套到了一只北极燕鸥（一种腰身纤细的鸥）雏鸟的脚上，铝环的号码是Ф—197357。这件事情发生在1955年7月5日，地点是在北极圈外白海边的干达拉克沙禁猎区。

也是这一年的7月底，雏鸟刚学会了飞行，北极燕鸥就成群结队地开

始了它们的冬季旅行了。最初，它们经过白海海域往西南飞；然后，又向西沿着科拉半岛北岸飞；之后，又往南飞——沿着挪威、英国、葡萄牙和整个非洲的海岸飞去；最后，它们绕过了好望角，飞向了它们的目的地——南极。

1956年5月16日，这只脚戴Φ—197357号金属环的小北极燕鸥被一位澳大利亚的科学家在大洋洲西岸福利曼特勒城附近给捉住了。从干达拉克沙禁猎区到这儿的直线距离，是24000千米。

这只鸟儿的标本连同它脚上的金属环，一起保存在澳大利亚彼尔特动物园的博物馆里面。

从东往西

在澳涅加湖上，每年夏天的时候，孵出来的野鸭就如同乌云一样，铺天盖地；还有那大群的鸥鸟，就如白云一样，飞来飞去。秋天到来的时候，这些大片的乌云和白云，就要向西方——日落的方向飞去。针尾鸭群和蓝鸥群已经动身飞往过冬地了。让我们坐着飞机跟着它们吧。

一阵刺耳的啸声，紧跟着的是水的哗哗声、翅膀的扑棱声、野鸭的绝望声、鸥鸟的叫喊声……你们听见了吗？

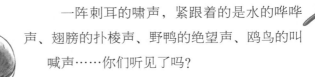

这些针尾鸭和鸥，本来打算在林中的湖泊上休息一下，哪知一只迁徙的游隼恰好也在这儿。它发动了袭击，就像牧人的长鞭一样，抽动着周围的空气，发出刺耳的尖啸，在已经飞到空中的野鸭背上一闪而过。它的小指头上面锋利的如同尖刀一样的利爪，伸向了野鸭群。一只野鸭被袭击了，垂下了它长长的脖子。受伤的鸟儿还没来得及掉入湖中，那动作神速的游隼蓦地一个转身，就在水面上一把把它抓住，用钢铁般的利嘴朝它的后脑上一啄——吃午饭去了。

这只游隼给野鸭群带来的是无穷的痛苦。它从澳涅加湖和野鸭们同时起飞，和它们一起飞过了列宁格勒、芬兰湾、拉脱维亚……当它吃饱了时，就会蹲在岩石上或者树上，冷漠地望着群鸥在水面上飞翔，望着野鸭的头在水面上朝下翻转，看着它们成群结队从水面上飞起，继续它们西方的漫漫长途。那里，有灰色的波罗的海的海水，有像黄球一样落山的太阳。一旦游隼的肚子饿了，它就会立刻飞快地赶上野鸭群，逮住一只野鸭来填饱自己的肚子。就这样，它一直跟着野鸭群，沿着波罗的海海岸、北海海岸飞行，跟着野鸭群飞过不列颠岛。只有到了那儿，这只长着翅膀的"饿狼"才会放弃纠缠。因为我们的野鸭和鸥会在这儿留下来过冬。而游隼，只要它愿意，完全可以跟随别的野鸭群继续向南飞去，穿过法国、意大利，越过地中海，然后向炎热的非洲飞去。

向北飞——飞向极夜地区

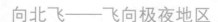

多毛绵鸭——就是能够为我们提供又轻又暖的鸭绒（可用来做冬大衣）的那种野鸭——在白海的干达拉克沙禁猎区，安静地孵出了它们的雏鸟。这个禁猎区多年以来一直在进行着保护绵鸭的工作。为了弄清楚绵鸭从禁猎区飞到什么地方去过冬，这些绵鸭是否能够返回禁猎区、返回自己的巢穴，以及这些神奇的鸟儿

阅读理解
文章再次指出绵鸭的飞向则是向北飞的，从这里也可以证明，不同的鸟是往不同的地方迁徙的。

的其他各种生活细节，大学生和科学家们便给绵鸭戴上很轻的金属脚环。

人们已经知道，绵鸭从禁猎区几乎是一直向北飞的——飞到极夜地区，飞到北冰洋去。那里有很多格陵兰海豹，还可以听见白鲸的大声叹息。

不久，白海就会被厚厚的冰层覆盖。冬天的时候，绵鸭在这儿什么也吃不到。它们便会聚集在奥涅斯湾。这个海湾距离白海不是太远，在这儿可以找到艾蒿填饱肚子。它们还可以从岩石和水藻上吃水里的软体动物——水下的海螺。它们是北方的鸟儿，只要可以填饱肚子就行。天气越来越寒冷了，周围的一切都被冰层覆盖，一片黑暗。它们不害怕，因为它们有天然的绵鸭绒大衣，一点儿寒气都不透。那里还常常会出现神奇的北极光，巨大的月亮，明亮的星星。就算是太阳一连几个月不从海洋里探头，又有什么关系呢？反正北极鸭仍会感到不错，吃得饱，穿得暖，能自由地度过漫长的北极冬夜。

名家点拨

我们都知道到了秋天，鸟们都会迁徙，可是，我们却不知道鸟们具体是迁徙到了哪里。通过作者的介绍，我们了解到，鸟们的迁徙并非都是到南方，不同的鸟迁徙的方向和地方是不一样的。

林中大战（结束篇）

名家导读 ✿

在森林中，树木们的命运又面临着怎样的威胁呢？为了能够让鸟儿们继续在林中歌唱，我们需要做出哪些努力呢？

我们的记者，找到了这样一个地方——在那里，林中种族间的战争已经没有了。

这个地方是一个云杉王国，是我们的记者旅行之初的时候到过的一片砍伐地。

他们现在已经知道这场残酷战争的结果了。

大批的云杉在和白桦、白杨的肉搏战中死去了。可是到了最后，云杉种族还是取得了这场战争的最终胜利。

白桦和白杨的寿命比云杉短。年老体衰的白桦和白杨，已经不能再像它们的敌人那样迅速地生长了。云杉的个头已经超过了它们，在它们头上张开了可怕的毛茸茸的大爪子，于是，喜光的阔叶树开始枯萎了。

云杉一刻不停地成长着，它们下面的树荫也越来越浓。地下室也越来越深，越来越黑暗。凶恶的苔藓、地衣、小蛀虫、木蛀蛾都在那儿等待着战败者，它们面临的是缓慢的死亡。

一年一年过去了。

自从人们砍光了那片阴森森的老云杉林，已经过去了100年。争夺那片空地的战争，又继续了100年。现在，在这个地方，又耸立着同样一片阴森森的老云杉林。

没有鸟儿在这儿歌唱，也没有愉快的小野兽搬到这儿居住。任何一种偶然出现的绿色小植物，都难免会枯萎凋零，很快就死在阴森森的王国里。

冬天近了。每年的这段时间，林中种族的战争都会停止。树木入睡了。它们睡得比洞里的狗熊还要沉，睡得就如同死了一样。它们身体里的树液已经停止了流动，它们不吸收养分，也不再生长，只是懒洋洋地呼吸着。

听一听，寂静无声。

看一看，这儿是个遍布尸体的战场。

我们的记者打听到，这片阴森森的大云杉林今年冬天就将消失。按照计划，这儿要用作伐木场。

明年，这里将变成一片新的荒漠——砍伐地。林中种族又将在这儿重新开战。

不过，现在我们可不能再让云杉打胜仗了。我们将会干预这场可怕的永久的战争，将一些新的林木种族移到砍伐地上来。我们将会密切地注意它们的生长情况，必要时，还会在这块密不透风的帐篷顶上开出几扇窗户，让明亮的阳光照射进来。

这样，鸟儿就会经常在这儿为我们演唱愉快的歌儿了。

名家点拨

　　在这一章中，作者指责了人类为了眼前的利益对环境进行破坏的行为。我们不能只顾眼前的一点小小的利益，要知道保护森林、保护环境，其实就是保护我们人类自己。

集体农庄生活

名家导读

9月，乡村又有着怎样的变化呢？田野里、果园里又是什么景象呢？农民们开始忙些什么呢？

田野已经空了。丰收的庄稼也刚刚收割完毕。人们已经能够吃上用新粮做成的馅饼和面包了。

在田里的谷地和斜坡上，铺满了一层层的亚麻。它们经受住了风吹、日晒和雨淋，该把它们收集起来了，之后运到打谷场上，在那儿揉一揉，就可以把亚麻皮去掉了。

孩子们开学都已经一个月了。现在他们不再参加田里的劳动了。人们挖完了土豆，把土豆运到了车站，或者在干燥的沙包上挖好坑，把土豆给储存起来。

菜园也空了。人们已经从垄沟上收完了最后一批叶子卷得很紧的卷心菜。

秋播的庄稼已经变得绿油油了。

田公鸡，也就是灰山鹑，来到了秋麦田里。它们已经不是挨家挨户来了，而是结成很大的一群——足有一百来只呢！

再用不了多长时间，打山鹑的季节就要结束了。

采集种子

9月的时候，很多乔木和灌木都结出了它们的种子和果实。这时候，最重要的事情就是赶快来采集种子，越多越好。然后，再把它们种在苗圃里，将来好绿化运河和新的池塘。

要采集大量乔木和灌木种子，最好是在它们完全成熟以前，或者在它们刚成熟时采集，而且要在最短的时间里采完。尤其是尖叶槭树、橡树和西伯利亚落叶松的种子，采起来更是不能耽搁。

9月里开始采集的树木种子有：苹果树的、野梨树的、西伯利亚苹果树的、红接骨木树的、皂荚树的、雪球花树的、马栗树的、欧洲板栗树的、榛树的、狭叶胡秃子树的、沙棘树的、丁香树的、乌荆子树的和野蔷薇的。同时，也采集克里木和高加索常见的山茱萸的种子。

沟壑的征服者

在我们的田里面，出现了一些沟壑。沟壑变得越来越大，都已经蔓延到田里来了。村民们为这事儿都感到很着急，孩子们也跟着大人一起着急。在一次会议上，大家进行了专门的讨论，怎样可以更好地和沟壑战斗，怎样才能让沟壑停止继续扩大。我们清楚，为了达到这个目的，就需要栽些树把沟壑给围起来，让树根抓住土壤，巩固住沟壑的边缘和斜坡。

这次会议是在春天的时候开的，而现在已经是秋天了。我们为此专门开发了一块苗圃，培育出了大批的树苗——上千棵的白杨树苗、藤蔓灌木和槐树。现在我们正在移植这些树苗呢。

几年以后，沟壑的斜坡就将会被乔木和灌木所覆盖。而沟壑本身，也将会被彻底地给征服了。

我们的好想法

现在，我们都在做一件利国利民的大好事——植树造林。

春天的时候，我们也过"植树节"。这个日子已经变成了一个真正的造林的节日了。我们在农场的池塘四周栽了树苗，这样它就不会被太阳烤干。我们在高高的河岸上栽了树苗。为了加固陡坡，我们还绿化了学校的体育场。这些树苗都已经成活了，一个夏天就长大了许多。

现在，我们有一个好想法。

冬天的时候，我们这儿所有田间的道路，都将会被雪掩埋。每年人们都不得不砍下整片的小云杉林，把它们做成标杆，指明道路的方向，以免行人在风雪中迷路，掉到雪堆里去。我们对此迷惑，为什么要每年砍掉这么多的小云杉，还不如在道路的两旁栽上活的小云杉呢！这简直是一劳永逸！这样，我们的道路就不会被雪掩埋了！

于是，我们按着自己的想法做了。我们在森林边缘地带挖了许多小云杉，用篮子把它们运到路上来。

我们细心地给它们浇水，所有的小树都愉快地在新家生长了起来。

森林通讯员/万尼亚·札米亚青

 名家点拨

秋天的乡村处处透着秋的气息。人们的生活也在慢慢地发生着改变。同时我们也了解到人们已经具有保护环境、美化环境的强烈意识，并把这些意识付诸自己的行动之中。

集体农庄新闻

名家导读

9月，农场里又发生了哪些事情呢？你知道什么样的母鸡能下蛋吗？你对块根作物了解吗？你知道怎样对付黄蜂强盗吗？

精选母鸡

昨天，养鸡场里，人们正在忙着挑选最好的母鸡。他们用一块平板把母鸡小心地赶到了一个角落里面，然后一只一只地捉住，交到专家的手里。

专家便抓着一只母鸡看了看，它长长的嘴、细瘦的身子、小小的鸡冠，颜色淡淡的，两只蒙眬的眼睛，那眼神好像在问："你动我干什么呀？"

专家看了看，便把这只母鸡交了回去，说：

"我们不需要这样的母鸡。"

后来，专家的手里又拿着一只短嘴大眼睛的小母鸡。它的脑袋很宽，鲜艳的红色冠子倒在一边。两只眼睛发出亮晶晶的光芒。母鸡正挣扎着，"咯咯咯"地叫着，好像说："撒手！马上撒手！不要赶我，不要抓我，不要打扰我！你自己不挖蚯蚓吃，还不许别人挖呀！""这只不错！"专家高兴地说，"这只会给我们下蛋。"

原来，活泼、乐观、精力充沛的母鸡才会下蛋呀。

星期日

小学生们曾帮忙收割块根作物——甜菜、冬油菜、芜菁、胡萝卜和香芹菜。孩子们在收割中发现，芜菁比个头最大的小学生瓦吉克·别特罗夫的头还要大。不过，最令他们惊奇的，要数大个的胡萝卜。

葛娜·拉里诺娃把一根胡萝卜立在她的脚旁，这根胡萝卜竟然和她的膝盖一般高！胡萝卜的上半截有一巴掌宽，这真是个巨大的家伙。

"古时候，应该会拿它来作战。"葛娜·拉里诺娃说，"用它来代替手榴弹，向敌人扔过去。当空手战斗时，就用这种大胡萝卜往敌人的脑袋上敲——咚！""古时候，这么大个儿的胡萝卜根本就栽不出来。"瓦吉克·别特罗夫说。

阅读理解
通过孩子们的对话描写，展现了孩子们天真无邪，极富想象力的一面。

换房间，换名字

有一些小鱼——鲤鱼出生了。春天的时候，它们的妈妈在一个很小很小的池塘里产了卵，孵出了70万条鱼苗。这个池塘里面没有别的鱼，就住着它们这一个大家庭——70万个兄弟姐妹。可是，过了一周半，这里已经挤不下了。于是，它们就搬到大池塘里面去住。在那里，鱼苗长大了，秋天之前就要改名叫鲤鱼了。

现在，小鲤鱼正在准备着搬到冬季的池塘里面去住。过了冬天，它们就一岁了。

把小偷关在瓶子里

"把小偷关在瓶子里。"养蜂员说。

黄蜂强盗们飞到了养蜂场，它们是来偷蜂房里的蜂蜜的。可是，它们还没有飞到蜂房，就闻到了一阵蜂蜜味。它们看见在养蜂场上摆着一些装着蜂蜜水的瓶子。

于是，黄蜂便放弃了到蜂房里去偷蜂蜜的想法。它们觉得，从瓶子里偷蜂蜜比较文明，而且也更安全些。

它们钻到瓶子里面去试了试，结果立刻就中了圈套——在蜂蜜水里淹死了。

名家点拨

作者在记叙农场新闻的时候，展现了几个农场发生的情景，从中我们也学到了不少知识。我们知道了下蛋的母鸡都是活泼、乐观、精力充沛的；还知道了要想制止黄蜂偷东西，最好的办法就是把它关进蜂蜜水里淹死，而不是驱赶。可见，农场也是一个有学问的地方。

狩 猎

名家导读 ✳ ❋

　　9月，也是狩猎的好时间。猎人们拿起了自己的猎枪，有哪些动物们又要面临着悲惨的命运呢？猎人们是怎样制伏那些可怜的动物的呢？

上当的琴鸡

　　秋天快要到了，琴鸡便开始聚集成群。群里面有硬翅膀的黑色雄琴鸡，有浅棕黄色带斑点的雌琴鸡，也有年轻的琴鸡。

　　琴鸡群又吵又叫地飞了下来，落到了浆果树丛里。

　　鸟儿便在地上散开了。有的在啄坚硬的红越橘；有的在用脚爪刨开草，吞食那些碎石和细沙——它们能够促进消化，磨碎嗉囊和胃里较硬的食物。

　　沙沙沙……是谁的脚步声？在干枯的落叶堆上，走得如此急！

　　琴鸡便都抬起头，警觉起来。

　　一条北极犬竖着它的两只尖尖的耳朵，在树木间一闪而过，向这边跑来了！

　　一些琴鸡便很不情愿地飞上了树枝，一些便躲到了草丛里面。

　　北极犬在浆果树丛里面乱跑乱闯，它把所有的琴鸡都吓得飞起来了，地上一只都没有剩下。

　　后来，北极犬蹲到了树底下，眼睛盯着一只琴鸡，"汪汪"地叫了

起来。

琴鸡也张大它的眼睛瞪着它。没过多久，琴鸡就在树上蹲腻了，于是，它便开始在树枝上来来回回地走，时不时地回头看看地上的北极犬。

真讨厌！坐在这里干吗？为什么还不走？想吃东西吗？……快点儿做自己的事儿去吧！那样又可以下去啄浆果吃了。

突然，枪声响了起来，一只琴鸡掉在了地上死了。原来，当它在那里忙着看北极犬时，猎人就已经悄悄地走了过来，偷偷地向它开了一枪。于是，它就从树上掉了下来。琴鸡们扑棱着翅膀飞了起来，飞过了森林的上空，向远离猎人的地方飞去了。林中的空地和小树在下面闪过。躲到哪儿去呢？这儿是不是也藏着猎人？

在白桦树光秃秃的树冠上面，蹲着几只黑琴鸡。一共有三只。也就是说，落在这儿肯定是安全的。如果白桦林里面有人，那三只黑琴鸡是绝对不会就这样安安心心地蹲在这儿的。

琴鸡群越飞越低，最后便吵吵嚷嚷地落在了树顶上。蹲在那儿的三只琴鸡，一动不动，像个树墩一样，甚至连头都没朝它们转一下。新来的琴鸡仔细地打量着它们。的确是琴鸡——乌黑的身体，鲜红的眉毛，翅膀上长着白斑，尾巴分叉，黑色的眼睛闪着亮光。

一切都很正常。

砰！砰！

怎么回事儿？哪里来的枪声？为什么有两只新来的琴鸡会从树枝上摔下去了？

树顶上冒起一阵轻烟，很快就消散了。可是，这儿的三只琴鸡仍然还像刚才那样，蹲在那儿一动不动。新来的那群琴鸡也蹲在那儿，望着它们。下面一个人也没有，为什么要飞走呀？

新来的琴鸡转着脑袋看了看周围，就安下心来。

砰砰！

一只雄琴鸡像一团泥似的掉到了地面上，另外一只突然向树顶上空高高地跃起，蹿到了空中，之后又摔下来。琴鸡群惊慌失措地从树上飞了起来，还没等到那只受伤的琴鸡落到地上，就都逃得无影无踪了。只有原来那三只琴鸡仍然蹲在那儿，一动不动地待在树顶。

从一间隐蔽的帐篷里面走出来一个拿着枪的人，他捡起了猎物，然后把枪靠在树上，爬到白桦树上去了。

白桦树顶上琴鸡的黑眼睛，若有所思地凝望着森林的上空。黑色的眼睛一动也不动，那是黑玻璃球。这些不动的琴鸡，是用黑绒布做的。只有嘴，是真正的琴鸡嘴。哦，是的，还有分叉的尾巴，也是用真正的羽毛做成的。

猎人取下树上的一只假琴鸡，便爬了下来，又爬上另一棵树去取另外两只假琴鸡。在远处，那群受到惊吓的琴鸡，正从一片森林的上空飞过。它们仔细地瞧着每一棵树，每一丛灌木：新的危险会从哪里来呀？哪里才能躲开这些拿着猎枪的人类？你永远不能提前知道，他会用什么法子来暗算你。

好奇的大雁

大雁的好奇心非常强，这是每个猎人都知道的事儿，而且他们

也知道没有哪种鸟比大雁更谨慎。

在离河岸一千米的浅沙滩上面，聚集着一群大雁。那儿，走也走不过去，爬也爬不过去，乘车也过不去。大雁们把头藏在翅膀下，一只脚爪子缩起来，安安稳稳地睡大觉。

怕什么呢？它们有哨兵呢！雁群的每一面，都站着一只老雁，它们不睡觉，也不打瞌睡，警惕地看着四周。不信你走近试试看。

岸上出现了一只小狗。那些负责警戒的老雁，立刻伸长了脖子望着：这只狗要做什么呀？

小狗在岸上跑过来跑过去，一会儿跑向这儿，一会儿又跑到那儿，好像在沙滩上捡着什么东西。它根本就没有瞅这些大雁一眼。

没有什么可疑的地方。不过，有点儿奇怪的是，这只狗干吗一会儿前一会儿后的，在那儿折腾什么呢？得走近些，看清楚才好。

一只负责警戒的大雁，摇摇晃晃地跳到了水里，向岸边游了过来。轻轻的波浪拍打着沙滩，又有三四只雁给吵醒了。它们也看见了小狗，也向岸边游了过来。

游近了，这才看清楚：原来，从岸上的一块大石头后面，飞出许多面包团儿——一会儿往这边扔，一会儿往那边扔，面包团儿都掉在了沙滩上面。狗摇晃着它的尾巴，扑着面包团儿，这一跳那一跳的。

面包团儿是从哪里来的呀？

几只雁离岸边越来越近，它们伸长了它们的脖子，想看个究竟。这时，从石头后面突然跳出来一个猎人，一枪一个，击中了这几颗好奇的脑袋——将它们全部打落到了水中。

六条腿的马

雁正在田里面吃东西。它们成群结队地在那里尽情地吃，警卫们站在四周。它们不允许任何人接近它们，即使是一条狗，也不允许走到它们眼前去。

远处，几匹马儿在田里散着步。雁才不怕它们呢！众所周知，马儿是一种温和的食草动物，它们是绝不会来骚扰鸟儿的。

有一匹马，捡着地里剩下来的又短又硬的麦穗吃，在不知不觉中离雁群越走越近了。不过，这也没什么。等它走到跟前时，起飞也来得及。

这匹马多奇怪呀，它有六条腿。真是个怪物！有四条是一般的马腿，有两条腿是穿着裤子的。

负责警戒的雁，便发出了警报，"咯咯咯"地叫了起来。大雁们都抬起头来。

马儿还在慢慢地走近。

警卫扇动翅膀，飞过来侦察。

它从上面发现，一个人正躲在马的后面，手里还握着一把枪呢！

"咯咯咯！快逃呀！快逃呀！"侦察员发出了催促大家逃跑的信号。

整群雁一下子扑扇着翅膀，扑棱棱地从地面上飞了起来。

沮丧的猎人，在它们后面一连开了两枪。可是，太远了，霰弹已经打不着它们了。

雁群得救了。

喇叭声

每天晚上这时，在森林里面都会传来麋鹿挑战的号角声。

"谁不想活了，就出来与我厮杀吧！"

一只老麋鹿从它那长满青苔的洞穴里面站了起来。它宽阔的犄角带着13个分叉，身长约2米，体重有400多千克。

谁敢向这位林中的无敌大力士挑战呢？

老麋鹿气势汹汹地赶过去应战。它那笨重的蹄子，深深地踩进了湿漉漉的青苔里面，把挡路的小树都给踏断了。

从对手那儿，又传来了挑战的号角声。

老麋鹿用可怕的吼声回应着它的对手。这吼声可真吓人——琴鸡听到了，便惊慌失措地从白桦树上逃走了；胆小的兔子听到了，便吓得从地上一跳，拼命冲到密林里面去了。

"看谁敢？"

它的眼睛里面布满了血丝，也不分辨道路，径直向着声音传出来的地方冲了过来。树林已经开始变得稀疏起来了，前面出现了一片空地。啊！原来在这儿呀！

它从树后飞一般地向前冲去，想用犄角一下把敌人给撞死，或者用它沉重的身体把敌手给压死，用锐利的蹄子把敌手给踩烂。

直到枪声响起，老麋鹿这才看见，在树后那个拿枪的人腰里别着一个大喇叭。

老麋鹿拔腿便往密林里面逃，摇摇晃晃的，身体衰弱极了，伤口不断地流着血。

阅读理解

通过对琴鸡和小兔子的动作描写，突出了老麋鹿吼声的可怕。

猎人们出发了

按照传统，10月15日，报上登出了公告：可以猎兔了。

和8月初的时候一样，打猎的人群把车站给挤得满满当当

的。他们仍然是用皮带牵着猎犬，有的人牵着两只或更多。可是，现在这些狗已经不是夏天时带的那种长毛猎犬了。这些狗又大又健康，腿又长又直，身上长着各种颜色的粗毛：有紫色的，有淡黄色的，有黑色带黄斑的。

这是一些特种的雌猎狗和雄猎狗。它们的任务是，根据动物们留下的痕迹来追踪野兽，把野兽从洞穴里面赶出来，一面追，一面汪汪地大叫，这样，猎人就可以知道，野兽是怎样走、怎样兜圈子了，就可以站在野兽的必经之地等着，对它迎面射击。

在城市里面养这些粗野的大猎狗是很困难的，所以很多人根本就没狗可带。我们这一伙人就是这样。

我们出发去塞索伊奇那里打兔子。

我们12人占据了车厢里的三个包间。所有的旅客看到我的一个同伴时，都很吃惊。他们微笑着，小声地互相交谈。

对于我们的这个同志，也的确是有看头的：他是个大号的"巨人"，非常胖，胖得连门都进不来。他的体重是150千克。

他不是个猎人。医生曾嘱咐过他，让他多出去散散步。他是个打枪好手，要是打起靶来，我们都比不过他。他为了散步散得有意思，也就决定跟我们一块儿去打猎。

围 猎

晚上的时候，在一个很小的森林车站里，塞索伊奇来迎接了我们。我们将在他的家里过夜，第二天天亮时就要出发。塞索伊奇找了12个村民，让他们帮着在围猎时呐喊。

我们在森林边上停了下来。我在纸片上写了号码，把它卷起来，放在帽子里面。我们每个人按次序抽签，抽到第几号，就站在第几号的位置上。

负责呐喊的人都走到森林的外面去了。在宽阔的林间路上，塞索伊奇按照着各人的不同号码，给我们指明了藏身的地方。

我抽到的是6号，胖子抽到的是7号。给我指明了藏身的地方后，塞索伊奇就给新手讲起了围猎的规矩：沿着狙击线开枪，就会打到旁边的人；当呐喊人的声音很近的时候，就应该停止射击；不许射杀那些禁止猎杀的动物；要等待信号。

　　大胖子离我有60步远。猎兔和猎熊可不同。猎熊的时候，两个枪手之间可以隔开150步远。塞索伊奇在狙击线上批评人的样子挺可怕的，我听见他在教导大胖子：

　　"你干吗往灌木丛里面爬呀？这样子开枪多不方便呀！过来，和灌木并排地站着，就这里吧。兔子的眼睛是往下看的。您的腿——原谅我这么说——就好像两个树墩子一样。您要把腿拉开点儿。很显然，兔子就会从你的'树墩'中间钻过去。"

　　在塞索伊奇把所有的枪手都安排好了以后，就上了马，到森林的外面去布置其他人了。

　　围猎要等好久才能开始的。我便仔细地观察着周围的一切。

　　在我的面前，离我40步远，赤杨和白杨像一堵墙那样立在我面前，白桦树的叶子已经掉了一半了，林中还长着一些黑色的云杉。可能过一会儿，就会有兔子、琴

鸡从森林深处穿过这些由笔直的树干形成的林子，向我这边跑来。如果运气好，也许还会有带翅膀的大松鸡飞来。难道我会打不中吗？

每一分钟都像蜗牛爬行一样。不知道大胖子感觉是怎样的。

他来来回回地换着他的脚。对，哈，他是想把腿又得更像树墩一些。

突然，从寂静的森林外面，传来了两声又长又响亮的号角声：塞索伊奇下命令了，他正在催促着呐喊队伍向前，也就是向着我们这个方向推进。

阅读理解
运用比喻的修辞手法，将时间的速度比喻为蜗牛爬行，充分表达了"我"等的焦虑心情。

大胖子抬起了他那对"火腿"胳膊，举起双筒枪，就像举着一根小手杖一样，瞄着前方，一动也不动。

他可真奇怪呀，准备得这么早——胳膊难道不累吗？

呐喊的声音还是没有传来。

枪声已经响起来了，沿着狙击线，先是右面响起了一声枪响，接着又从左面响了两枪。别人都开始放枪了，可是，我还是什么都没做。

大胖子也用双筒枪发射了——乒乒！他是在打琴鸡，可是琴鸡高高地飞起来，逃走了——没打着。

现在，负责呐喊的人微弱的呼应声、木棍敲打树干声，已经隐隐约约地传来了。两翼也传来了叮叮当当的锣声。可是，没有什么东西冲我飞过来，也没有东西向我这儿跑过来。

来了！一个白里透灰的小家伙，在树干的后面时隐时现，原来是一只还没褪完毛的白兔。

哎，这是我的！嘿，小家伙，拐弯了！朝大胖子蹿过去了
哎，大胖子，你动作怎么就那么慢呀？快打呀！打呀！

砰！没打中。

白兔惊慌地直接冲向了他。

砰！

一团白色的东西从兔子身上甩了出来。兔子吓得惊慌失措，竟然从那树墩似的两条腿当中钻了过去。大胖子赶紧把两腿一夹。

难道有人用腿捉兔子吗？

白兔钻了过去。大胖子那巨大的身躯却整个倒在了地上。

我笑得前仰后合，眼泪都笑出来了。透过泪水模糊的双眼，我看见有两只白兔一同从森林里蹿到了我的面前，但是我不可以开枪，因为兔子是沿狙击线逃跑的。

大胖子慢慢地屈起膝盖，跪着站了起来。他给我看他手里抓着的一团白毛。

我对他喊道："你没事吧？"

"没关系，尾巴尖还是让我给打下来了。兔子的尾巴尖！"

真是个怪人！

射击已经停止了。呐喊的人们从森林里面走了出来，大家都聚到了大胖子的身边。

"叔叔，你是神甫吗？"

"肯定是，你看他的肚子。"

"这么胖！真不敢相信。一定是衣服里面塞满了野味儿，所以才会这么胖。"

可怜的射击手呀！在城里，在我们的打靶场上，谁会相信这样的事儿！

这个时候，塞索伊奇已在催促着我们进行新的围猎——田野围猎。我们这一大群人便吵吵嚷嚷的，沿着林中路往回走。我们的后面是一辆大车，满载着猎物，大胖子也坐在车上。他非常的疲劳，不住地喘着粗气。

猎人们对这个可怜虫才不留情呢，一路上都在拿他开玩笑。

忽然，在路的拐弯后面，有一只大黑鸟飞了起来，已经飞到森林的上空了，它的个头有两只琴鸡那么大。它沿着道路飞，正好经过我们。大家都急忙端起枪，密集的枪声响遍了森林：每一个人都迫切想把这只少见的猎物给打下来。

大黑鸟还在继续地飞着，已经飞到大车的上空了。

大胖子也举起了他的枪，依旧是那对"火腿"胳膊举着那支小手杖。

他开枪了！

大家看见大黑鸟就像只假鸟一样，在空中一愣，便突然停止了它的飞行，像块短木头那样从空中掉到了路上。

"好，好枪法！"一个猎人喊道，"简直是个神枪手呀！"

我们这些猎人这个时候都不好意思地沉默了，每个人都开枪了，每个人都看见了。

大胖子将这只长着胡子的雄松鸡拎起，嘿！比兔子还要沉呢。如果他愿意，我们每个人都乐意把今天的猎物给他，来和他交换他手上的这只野禽。冷嘲热讽已经结束了。大家甚至都已经忘记了，他是怎样用腿捉兔子的了。

 名家点拨

作者的介绍，给我们展现了许多动物在面临猎人时候的悲惨命运，也展现了这些自私的人为了自己的利益的可耻行为。要知道，保护野生动物就是保护环境，就是保护我们人类自己。

东南西北无线电通报

名家导读

　　9月22日，列宁格勒《森林报》编辑部发出了无线电通报，呼叫苔原和原始森林、沙漠和高山、草原和海洋。那么，这些地方的秋天此时是什么情况呢？

注意！注意！

这儿是列宁格勒《森林报》编辑部。

今天，9月22日，是秋分日。我们继续无线电通报。

呼叫苔原和原始森林、沙漠和高山、草原和海洋，都请注意！

请谈一谈，你们那儿的秋天现在是怎样的情况。

这里是乌拉尔原始森林

　　我们正在忙着迎送客人，送走了一批又来一批，送走了一批又来一批。我们在迎接鸣禽、野鸭和雁，它们都是从北方、从苔原来到我们这儿。它们只是路过，停留的时间不长。今天你还看到它们在这里休息，吃东西；明天你再去，它们就已经不在了。半夜的时候，它们就已经不慌不忙地出发了。我们正欢送在这里过夏的鸟儿。大部分的候鸟，都已经踏上了遥远的旅程，去追寻那已经逝去的阳光，到温暖的地方去过冬了。

风从白桦、白杨和花楸树上吹掉了发黄的、变红的叶子。金黄色的落叶松的针叶已变得柔软而粗糙。晚上，在金黄色的树枝上面，会飞来一些蠢笨的、长着胡子的雄松鸡。它们浑身乌黑，蹲在针叶间大吃大喝。琴鸡在黑黢黢的云杉树顶尖声叫着。这儿飞来了许多红胸脯的雄灰雀、淡灰色的雌灰雀、深红色的松雀、红脑袋的朱顶雀和角百灵。这些鸟也是从北方飞来的，但是它们不再继续往南飞了，这儿就很好。

田野已经空了，在晴朗的日子里，微风缓缓地吹着，细长的蜘蛛丝在田野的上空飞着。最后的一批三色堇还在努力地生长。在灌木丛上，挂着了许多鲜红漂亮的小果实，就像中国的小灯笼一样。

挖土豆的工作就要结束了，我们正在菜园里面收割着最后的一批蔬菜——甘蓝。我们把它装了满满一地窖，准备过冬。我们还在原始森林里采集了杉松的坚果。

小野兽们并没有落在我们的后面。细尾巴的小地鼠——金花鼠——背上有五道刺眼的黑条纹，它把许多杉松的坚果都拖到洞里面去了，它还在菜园里面偷了很多葵花籽，装了满满一仓库。棕红色的松鼠把蘑菇放在了树枝上晒干。它们都在换装，穿上了淡蓝色的"小皮袄"。森林里面的长尾鼠、短尾野鼠和水老鼠，都在往自己的仓库里面搬运着各种各样的食物。森林里面长着斑点的乌鸦——星鸦——都在搬运榛子，藏到树根底下去了，准备在晚上时吃。

熊找到了一个地方来安家落户，它正在用它的爪子撕扯着云杉树的树皮，准备用来做褥子。

大家都在准备着过冬，大家都在辛勤地工作着。

这里是乌克兰草原

一些活蹦乱跳的小球，正沿着被太阳晒焦的平坦草原奔跑、跳跃。它们飞了过来，把人包围住就往人的脚上面砸，可是，你一点儿也不会感到痛，因为它们是那么的轻。它们根本就不是什么球儿，而是圆圆的草，长着干干的茎，茎端向周围翘着。现在，它们已经飞过了土墩和石头，飞到了小山包的后面去了。

这是风把一丛丛成熟的风滚草给连根拔了起来，在草原上面推着它们跑，就像滚轮子一样。在滚动的过程中，它们把种子给撒播了出去。

用不了多久，热风就将要停止在草原上的散步了。保护农田的森林带已经耸立起来了。它们将会挽救我们的收成，使庄稼不被旱灾毁掉。灌溉渠已经在伏尔加河—顿河列宁通航运河上打通了。

现在，我们这里正是打猎的好时机。在沼泽地里面的野禽和水禽——有本地的，也有路过的——就如同一大片的乌云那样聚集在草原湖的芦苇中。一群群肥胖的小鹌鹑，聚集在峡谷里面或没有割过草的地方。草原上的兔子可真多呀！全都是带着棕红色斑点的大灰兔，我们这里没有白兔。狐狸和狼也非常的多。你愿意用枪打，就用枪打吧！愿意放狗捉，就放狗捉吧！

在城里面的市场上面，西瓜、香瓜、苹果、梨、李子都已经堆成了小山。

这里是沙漠

我们这儿正在过节。和春天的时候一样，这儿的生活丰富多彩。

难以忍受的酷热已经退去了，雨一直滴滴答答地下个不停。空气又清新又宜人，远处的景物轮廓分明。草又重新披上了绿装。以前藏起来躲避夏天太阳的动物，又都出来了。

甲虫、蚂蚁、蜘蛛都从地下面钻了出来。细爪子的金花鼠也从深洞里面钻出来，它拖着长长的尾巴，像小袋鼠似的跳跳蹦蹦。睡了一夏天的巨蟒也已经醒了，正在捕捉着猎物呢。猫头鹰、草原狐（鼬狐）、沙漠猫也都出来了，人们都不知道它们是从哪里冒出来的。快腿的羚羊——体态轻盈的黑尾羚羊、弯鼻羚羊——在沙漠里来回地奔跑着。鸟儿也飞来了。

阅读理解
作者在这里给我们展现了一幅生机勃勃、丰富多彩的画面。

又和春天的时候一样，沙漠已经不再是荒漠了：这儿有的是绿颜色，有的是生命。

我们一直沿着沙漠前行。

我们将会在这儿铺上几千公顷的防护林。这些树林将会保护着田野免遭那些来自沙漠的热风的侵袭，而且，以后我们也还要进一步征服沙漠。

这里是雅马尔半岛苔原

我们这里的一切都结束了，你再也听不见大鸟儿的叫喊声和悬崖上小鸟儿的啾啾声了。可是，夏天时这儿还是一个热闹的鸟儿集市。现在，小巧玲珑的鸣禽也已经离开了我们；雁呀、野鸭呀、鸥呀、乌鸦呀，也都已经飞走了。到处都是静悄悄的。偶尔传来一阵可怕的骨头相撞的声音：这是雄鹿在打架呢。

还是在8月时，早晨就已经开始变冷了。现在，所有地方的

水都被冰封了起来。捕鱼的帆船和机动船，早就已经走了。轮船已经停驶了。现在，笨重的破冰船正在坚固的冰原上，费劲地为它们开出一条路。

白天变得越来越短。夜变得越来越长，又黑又冷。几只白色的苍蝇仍然在空中来来回回地飞着。

这里是山峰，是世界的屋脊

我们这儿的帕米尔山是那么高，有的山峰甚至超过了7千米，已经长到云彩里去了。

在我们国家，同一个时间，既有夏天，也有冬天：山下是夏天，山上是冬天。

可是，现在秋天来了。冬天从白云里的山峰上开始下降，从上向下把生命赶下来。

首先动身的是野山羊——山里的野羊。夏天时，它们还是住在寒冷的悬崖峭壁的上面，现在它们都已经下山了。它们没有东西吃了，那里所有的植物都已经被雪给埋了起来，冻死了。

山上的绵羊也开始从它们的牧场往山下走来。

在高山草场上面，那些肥大的土拨鼠也看不见了，夏天时在这儿还能看到很多呢。现在，它们已经退到地下去了：它们把自己养得肥头肥脑的，然后挖个地洞躲起来，再把入口用硬塞子（草做的）堵上。

野猪在胡桃树、阿月浑子树和野杏树的丛林里面生活着。

在深深的峡谷谷底，突然出现了一些鸟，夏天在这儿可从来没有见到过它们：角百灵、烟灰色的草地鹀（wú）、红背鸲（qú）、神秘的蓝鸟——山鸫。

这儿很温暖，食物又很多，很多鸟儿都成群结队地飞来了。

在山下面，现在常常会下雨。看着这一场场的秋雨，我们就知道，冬天离我们已经越来越近了——可能山上正在下着雪呢！

人们在田里面收棉花，在果园里面摘水果，在山坡上面摘胡桃。

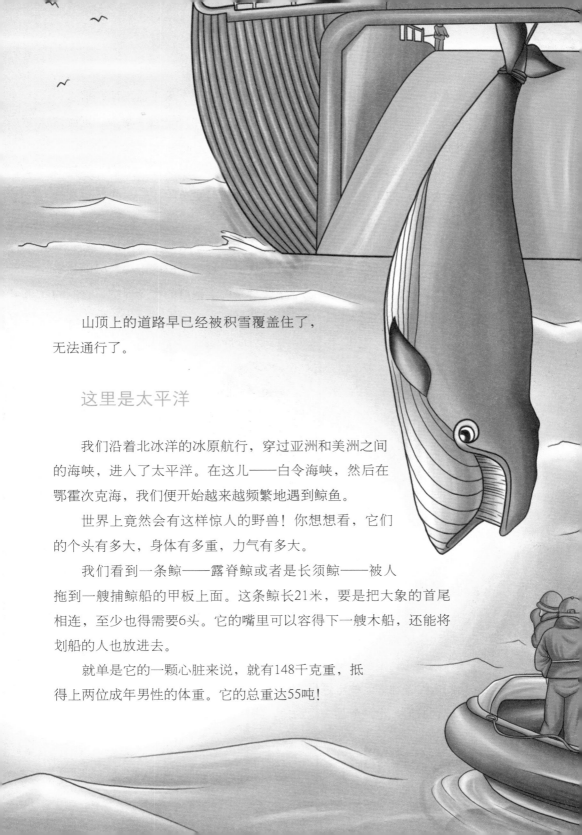

山顶上的道路早已经被积雪覆盖住了，无法通行了。

这里是太平洋

我们沿着北冰洋的冰原航行，穿过亚洲和美洲之间的海峡，进入了太平洋。在这儿——白令海峡，然后在鄂霍次克海，我们便开始越来越频繁地遇到鲸鱼。

世界上竟然会有这样惊人的野兽！你想想看，它们的个头有多大，身体有多重，力气有多大。

我们看到一条鲸——露脊鲸或者是长须鲸——被人拖到一艘捕鲸船的甲板上面。这条鲸长21米，要是把大象的首尾相连，至少也得需要6头。它的嘴里可以容得下一艘木船，还能将划船的人也放进去。

就单是它的一颗心脏来说，就有148千克重，抵得上两位成年男性的体重。它的总重达55吨！

　　如果做一架巨大的天平，然后把这条鲸放在一个天平盘里面，那么，另一个天平盘里面就得站上1000人，才能使两个盘相等。还不够呢，何况这条鲸还不是最大的呢。有一种蓝鲸，长33米，重100多吨。

　　它们的力气是那么的大，即使被带绳索的标叉给叉住，它们也能拖着船跑上一昼夜；如果它们潜进水里面去，那可就更危险了——轮船也会被它一起拖进水里面去。

　　我们在白令海峡附近看到了海狗；在铜岛附近看到了大海獭，它们正在带着自己的孩子玩耍呢。这些为我们提供了珍贵毛皮的野兽，以前几乎被日本和俄国沙皇的强盗们给杀尽了，后来由于政府的严令保护，它们的数量才快速地增长了起来。

　　可是，在我们看到了鲸之后，这些野兽都变得很小很小了。

　　现在是秋天，鲸离开了我们，游到热带的温水区去了。它们将在那儿生育。明年，鲸妈妈将会带着它们的孩子，游向我们，游向太平洋和北冰洋。可是就连这些吃奶的小鲸，也比两头牛还要大呢。

　　在我们这儿是不允许打小鲸的。

　　我们全国各地的无线电通报，就在这儿和您说再见了。

　　下一次通报，也是最后一次通报，将在12月12日进行。

名家点拨

通过无线电通报，作者在这里给我们展现了不同地方的秋季景象。从这里，我们也可以看出，不同的环境在秋天的时候所表现的是不一样的。本文作者在介绍的时候，多处运用了比喻的修辞手法，生动地展现了不同环境的特点。

打靶场

射箭要射中靶子！
答案要对准题目！

第7次竞赛

1. 秋天是从哪一天开始的（按照日历）？

2. 秋天落叶的时候，什么动物还在生宝宝？

3. 秋天，什么树的叶子会变红？

4. 秋天，是不是所有的候鸟都要离开我们向南飞？

5. 为什么人们都把老麋鹿叫做"犁角兽"？

6. 集体农庄的庄员们在森林和草场上把干草垛围起来，是为了防备什么野兽？

7. 什么鸟儿会在春天咕噜咕噜这样叫"我要买件大褂，我要卖件皮袄"，而秋天却反过来"我要卖件大褂，我要买件皮袄"？

8. 这里画着两种不同的鸟儿印在烂泥地上的脚印。一种鸟儿住在树上，另一种住在地上。根据脚印判断，两种鸟儿各住在哪里？

9. 怎样对鸟儿开枪比较可靠？当鸟儿冲过来时（就是当鸟儿直朝射手飞去时），还是当鸟儿逃走时（也就是鸟儿离开射手飞去时）？

10. 如果乌鸦在某片森林的上空呱呱大叫，不停地盘旋着，意味着什么？

11. 为什么好的猎人无论什么时候也不开枪射雌琴鸡和雌松鸡？

12. 这里画的是哪种野兽的前爪骨骼？

13. 秋天，蝴蝶都藏到哪里去了？

14. 当太阳落山以后，猎人要去侦察野鸭，他的脸应该朝哪个方向？

15. 什么时候人们会骂鸟儿"飞去海外找死去啦"？

16. 扔到田地里，今年这样放进去，明年那样长出来。（谜语）

17. 小马步行去海外，雪白的肚子黑貂背。（谜语）

18. 如果它坐着，那就是绿色的；如果它飞着，那就是黄色的；如果它落下，那就是黑色的。（谜语）

19. 细长的身子，往下直坠，落到草里，就此不起。（谜语）

20. 长着獠牙，一身灰皮，专在田野瞎转悠，寻找小牛和小孩子。（谜语）

21. 小偷身穿灰衣服，田里地里寻食物。（谜语）

22. 针叶林中小老头，头顶棕色大檐帽，开阔的地方站出来。（谜语）

23. 长着皮的时候，一点儿用处没有；从皮里爬出来，大家都抢着要。（谜语）

24. 自己不要，也不给野鸭。（谜语）

公告

**"神眼"
称号竞赛**

第6次测验

谁来过这里？

1. 有动物曾在林中道路上的水洼边散步——留下了小十字、小点子。它是谁？

2. 这里有动物把刺猬吃掉了，是从腹部开始吃的，最后只剩下一张皮，别的部分全吃光了。这是谁干的？

快来喂养流浪的小兔子

现在，在森林和田野里，用手就可以捉到小兔子。它们腿还很短，跑得很慢。得它们牛奶吃。新鲜的洋白菜叶子和蔬菜，它们也很喜欢。

提前通知

你喂养的长耳朵的小家伙，是绝对不会让你感到无聊的，因为所有的兔子都是者的鼓手。白天的时候，小兔子安安静静地待在自己的箱子里；到了晚上，它们就会用子像敲鼓似的敲打箱壁。于是，你立刻醒来。

森林报·秋

粮食储备月

10月21日到11月20日　太阳走进天蝎宫

（秋季第2月）

No.8

一年：12个月的太阳诗篇——10月

森林中的大事

集体农庄生活

城市新闻

狩　猎

打靶场

公　告

一年：
12个月的太阳诗篇

—— 10月

10月——落叶，泥泞，冬伏。

最后几片枯叶被秋风从森林里扯下了。阴雨天持续了好几天。一只乌鸦湿漉漉、孤单单地蹲在篱笆上面，显得那么落寞。我们知道，它很快就要走了。在我们这儿度过整个夏天的灰乌鸦，已经悄悄地飞向南方去了；而一批生在更北方的灰乌鸦则悄悄地飞来了。原来，灰乌鸦也是候鸟。在遥远的北方，灰乌鸦跟我们这儿的白嘴鸦一样，都是最后才飞走的鸟儿。

做完第一件事——给森林脱去夏装——之后，秋又开始做第二件事：把水变得越来越冷。每天早晨，草地上都会覆盖上一层松脆的薄冰。和天空中一样，水里的生命也越来越少。那些夏天里曾经在水上盛开的花儿，早就把种子沉入水底，把亭亭的花茎缩回水下。鱼儿们游到了水下的深坑

里过冬，因为在那里，即使冬天天气再冷也不会结冰。软尾巴的蝾螈，已经在池塘里住了整整一个夏天。现在它也从水里面钻了出来，爬上陆地，去树根下青苔覆盖的地方过冬。水面都被冰封起来了。

在陆地上，那些冷血动物都已经给冻僵了。而昆虫、老鼠、蜘蛛、蜈蚣什么的，都不知道藏到什么地方去了。蛇爬到了干燥的坑里，把自己盘成一团，很快就被冻僵了。蛤蟆钻到了烂泥里面，蜥蜴躲到被脱落树皮覆盖着的树根处，开始在那儿冬眠了。野兽们有的穿上了更加暖和的皮大衣，有的把自己洞里的小仓库贮满粮食，有的正在为自己寻找温暖的巢穴。所有的动物都在积极准备迎接接下来的寒冷。

秋天的天气有7种：播种天、落叶天、毁坏天、泥泞天、怒号天、倾盆天，还有一种叫扫叶天。

森林中的大事

名家导读

10月，秋天更深了，动物们都开始为过冬做准备了，它们是怎么为自己过冬做准备的呢？森林里还发生了哪些重大的事情呢？

准备过冬

严寒暂时还没有加剧，但可不能大意呀。只要一有机会，它瞬间就会把大地和水都给冰冻起来。那时去哪里找食物，又到哪里去藏身呢？

森林里的每一只动物，都在按照自己的方式准备过冬。

忍受不了饥饿和寒冷的，都已经扇动翅膀飞往南方温暖的地方去了；那些留下来的，都在急急忙忙准备着过冬的粮食，填满自己的仓库。

其中，干得最起劲的就是短尾野鼠。它们把洞直接挖在农民的禾草垛里或者粮食垛下面，每天到了夜里，就不停地往那儿偷运粮食。

每一个洞都是由五六个小过道互相连接，每一个过道都通向一个洞口。地底下还有一个卧室和几个小仓库。

冬天的时候，野鼠要到天气最冷时才会开始睡觉，因此它们储存了大量的粮食，准备冬眠之前吃。在有些的野鼠洞里，甚至已经收集了四五千克精选的谷粒。

这些小啮齿科动物专门在田里偷粮食，所以我们就得防备这些祸害庄稼的小东西。

年轻的过冬者

树木和多年生的草本植物，也都在准备着过冬。一年生的草本植物则已经准备好了自己的种子。并不是所有的一年生草类都是用种子的形式来过冬。它们有的会采取发芽的方式。很多一年生的杂草，会在翻过土的菜园里生长起来。我们可以看到，在荒凉的黑土地上，有一簇簇像小锯条似的芥菜叶子；还有的像荨麻似的，紫红色、毛茸茸的野芝麻小叶子；还有小巧玲珑的香母草、三色堇、犁头菜；当然，还有讨厌的繁缕。

这些小植物都在努力准备度过冬天，在雪下面生活到明年的秋天。

还来得及

在雪地上面，生长着有很多枝杈的椴树，像是在森林里散落着的一些棕红色的斑点，很容易就同周围的树给区别开来。但呈现出棕红色的并不是它们的叶子，而是靠近坚果的像小舌头似的翅膀。在椴树的树杈上面，到处都结满了这种带翅膀的小坚果。

也不是只有椴树才有这样一套衣裳。瞧，那边高大的桦树不也是这样子的吗？它的树身上挂满了坚果呀。这些坚果细细长长的，密密麻麻地挂在树上，看起来就像是一颗颗小豆荚一样。

但其中最漂亮的还是山梨树：直到现在，山梨树的身上还挂满着一串串鲜艳夺目的、沉甸甸的浆果呢！同样挂着浆果的还有小蘗树。桃叶卫矛的果实，美丽得让人赞叹，即使在秋天里它也仍然是那么漂亮，简直就像一朵朵长着黄色雄蕊的玫瑰花。

可是有的乔木在冬天来临之前还没做好传宗接代的准备。

在榛子树上，可以看见一簇簇风干了的柔荑花序，花序上面还藏着一些带翅膀的榛子。

赤杨的黑色球果还没有成熟落地。而白桦树和赤杨已经为明年的春天做好了准备，那就是它们长出的柔荑花序。因为春天一到，这些柔荑花序就会被拉长，透过上面薄薄的鳞片，就会结出花蕾。榛子树上的柔荑花序，看起来非常的肥厚，每根树枝两侧都对称地长着两对红灰色的花序。不过，在榛子树上早已经找不到榛子了。榛子树已经做好了跟它的后代告别的准备，也做好了春天前的一切安排。

尼·巴甫洛娃

储藏蔬菜

短耳朵水鼠夏天的时候就住在自己建起来的别墅里面。别墅坐落在小河边，里面还有一间地下室。地下室的过道从房门口斜着向下，直通到小河里面。现在，水鼠已经为自己准备好了一间舒适而又暖和的冬季住宅，这个住宅离水较远。它建在一个长着很多草墩的草场上面，里面有很多条100多步长的过道，一直可以通到住所里来。

　　这套住宅还有间卧室，里面铺满了柔软又暖和的草，而卧室就建在一个很大的草墩的正下面。

　　储藏室和卧室之间，是由特别的过道连接起来的。储藏室里面东西的摆放都有严格的规矩。水鼠从田里和菜园里面偷来的豌豆、蚕豆、葱头和马铃薯等，都被分门别类地整齐地摆放在储藏室里面。

松鼠的晒台

　　松鼠在树上筑了几个圆圆的巢，它选择其中的一个圆巢作为仓库，把在林子里收集来的小坚果和球果都摆放在里面。

　　除此之外，松鼠还采集了一些蘑菇——油蕈和白桦蕈。它把蘑菇穿在折断了的松枝上面晒干。到了冬天的时候，它就可以在找不到食物的时候，用干蘑菇充充饥了。

活的储藏室

姬蜂给它的孩子们找到一个神奇的储藏室。

姬蜂振翅膀的速度非常的快。它的一双眼睛长在向上卷起来的触角下，非常的敏锐。它还有一个非常纤细的腰，把它的胸部和腹部分成了两截；腹部下面的尾巴尖处，有一根又细又直的尾针，就像我们用来缝衣服的针。

夏天的时候，姬蜂抓到一条又肥又大的蝴蝶幼虫，便立刻扑上去，把尾尖刺进幼虫的身体里面，幼虫便晕了过去，于是姬蜂在幼虫身上钻了个小洞，并在这个小洞里面产下了一个卵。

姬蜂飞走以后，蝴蝶幼虫很快就从惊吓中清醒了过来，很快它便又开始若无其事地吃着它的树叶。秋天来临时，幼虫结了茧，变成了蛹。

这个时候，在蛹的里面，姬蜂的幼虫也从卵里孵出来了。这只坚固的茧看起来又暖和又安全，而且里面的食物也足够姬蜂幼虫吃上一年了。

当夏天再来临时，茧被打开了，可是，从里面飞出来的并不是蝴蝶，而是一只身子又细又长、全身呈现黑红黄三个颜色的姬蜂。姬蜂是我们人类的好朋友，因为它们是许多害虫幼虫的天敌。

阅读理解

作者在这里给我们介绍了姬蜂繁殖后代的方法及过程。

自己的身体就是储藏室

许多野兽并不会特意给自己安排一个储藏室，那是因为它们本身就是一个储藏室。

在秋天这几个月里面，它们本着想吃多少就吃多少的原则，使劲儿地把自己吃得肥肥胖胖的。身体里面储存了足够的脂肪，它们的储藏室就在这些脂肪里面。脂肪也就是它们用来过冬的食物。在寒冬里它们找不到东西可吃时，脂肪就会透过肠壁，渗到血液中去。血液再把养料输送到它们的整个身体，足可以使它们不被饿死。

熊呀、獾呀、蝙蝠呀以及其他大大小小的野兽，也都是这样做的。这样，整个冬天它们都可以安心地埋头大睡了，因为它们的脂肪会在它们的体内不停燃烧着，使寒气不致侵入到它们的身体里面去。

贼偷贼

森林里的长耳猫头鹰是一个狡猾的惯偷，可是它自己竟被另一个贼给偷了。

单从外表上来看，长耳猫头鹰长得和雕鸮差不多，只是小了一号而已。它的嘴巴就像个钩子，几撮羽毛在头上竖起来，一双眼睛又大又圆。不管夜有多么的黑，这双眼睛什么都看得见，它的耳朵什么都听得清。

老鼠在枯叶堆里面刚刚发出窸窸窣窣的响动，长耳猫头鹰就已经近在眼前了。只听"嗖"的一声，老鼠就已经魂飞天国了。小兔在空地上一闪而过，这个夜强盗就已经飞到了它的上空，又是"嗖"的一声，兔子就已死在了它的一双利爪之下。

它喜欢把死老鼠拖回到自己的树洞里面去。即使自己不吃，也不会留给别人吃。就这样一直留着，等冬天找不到东西的时候再吃。

阅读理解

"只""就"等词语的使用，展现了长耳猫头鹰在捕猎时的动作之快。

白天的时候，它就待在树洞里面，守着自己的储存的食物；夜里的时候，则飞出去打猎。期间它还会常常飞回树洞，去看看自己的东西还在不在。

可是有一天，它突然注意到，自己储备的食物好像有少的迹象。它的眼睛相当的敏锐，所以，虽然它根本不会数数，却可以用眼睛来盘算食物的体积。

一天，当黑夜再次降临的时候，饿了一天的猫头鹰像往常一样飞出去打猎去了。

等它回来的时候一看，树洞里面一只老鼠都没有了，只剩下一只长度和老鼠差不多的灰色小兽，趴在那儿一动不动。

它立刻就想用爪子抓住那只小野兽，好好地审问一番，可是，小野兽早已快速蹿过树洞底下的一条裂缝，飞也似的跑远了。它嘴里竟然还叼着一只小老鼠呢！

猫头鹰便紧追了过去，差不多就要追上了，可是，它定睛一瞧，就立刻决定放弃与敌人争夺老鼠的想法。原来，这个小偷竟是只凶猛的伶鼬。伶鼬是个专靠抢劫为生的家伙。虽然它看起来是比较小的小兽，可是它既勇敢又灵活，所以连猫头鹰也不放在眼里。要是谁被它一口咬住了胸脯，可就甭想再挣脱了。

夏天难道又来了吗

这里的天气，如果到了冷时，风就会像冰做成的刀一样刺骨；但有时候也会出太阳，这时，天气就会变得暖和，使人们恍然感觉像是夏天突然间回来了。

在草丛下面，黄澄澄的蒲公英和樱草花探出了头。蝴蝶在空中轻盈地飞舞着；蚊虫像一根轻飘飘的柱子似的，在空中来回地转。不知打哪儿飞来一只小巧玲珑的鹡鸰，它翘起尾巴欢快地唱起了歌。歌声是那么的热情，那么的嘹亮！

从高大的云杉树上面，传来了柳莺柔婉、悦耳的歌声，那声音听起来是那样的深沉悲伤，就好像雨滴轻声敲打着水面："敲，清，卡！敲，清，卡！"

要是你听到这歌声，你就会暂时忘记冬天已经快来了这件事儿。

受惊了

池塘，连同池塘里的居民，都已经被冰层覆盖起来了。可是有一天，温度突然升高，冰面就都融化了。于是，人们决定清理一下池底，他们从池底挖出一大堆淤泥。干完活之后，大家就离开了。

阳光很耀眼，烘烤着大地，烤得泥堆很快就散发出水蒸气。忽然，一团淤泥竟然动弹起来了，散落出许多小一点儿的泥团。只见这些泥团蹦跳着离开了泥堆，就在那原地来回地打着滚。咦，这到底是怎么回事儿？

突然，从一个小泥团里露出了一条小尾巴。尾巴抖动着抖动着，忽听"扑通"一声，又跳回池塘里面去了。紧接着，第二个小泥团、第三个小泥团，也跟着它跳了下去。

可是，另一些小泥团，却伸出小腿儿，从池塘边跳着离开了。真奇怪！

不，显然它们不是真正的小泥团儿，而是些满身裹着烂泥的鲫鱼和

青蛙。

　　它们是天气转冷后钻到池塘的淤泥里去过冬的。人们把它们和淤泥一起挖了出来。太阳晒热了淤泥堆，鲫鱼和青蛙都活了过来，并且开始跳跃打滚了。于是，鲫鱼跳回到了池塘；而青蛙呢，它要寻找更安静的地方，免得下次睡得正香时，再被人给挖出来。

　　现在，几十只青蛙好像彼此商量好了似的，都朝同一个方向跳了过去。那边还有个池塘，就在打麦场和大路的对面，比先前这个更大、更深。很快，青蛙们已经跳上了大路。

　　但是，在深秋的天气里，太阳的片刻温暖是一点儿都不可靠的。

　　不一会儿，乌云便把太阳给遮住了，它还带来了寒冷的北风。那些赤身裸体的小旅行家被冻得要命，它们挣扎着又蹦了几下。很快，脚就被冻僵了，血也凝固了，这下子它们再也蹦不了了，就这样被冻死在了大路上。

　　所有蹦到这儿的青蛙都给冻死了。所有的青蛙，头都朝着一个方向，即对着大路那边的大池塘。那个大池塘里面有能救命的温暖淤泥。

真害怕呀

　　秋天里，树上的叶子都给掉光了，森林变得稀稀落落的。

　　森林里面，有一只小白兔躺在灌木丛的下面，身子紧贴着地面，两只眼睛惊慌地四下里张望。它心里害

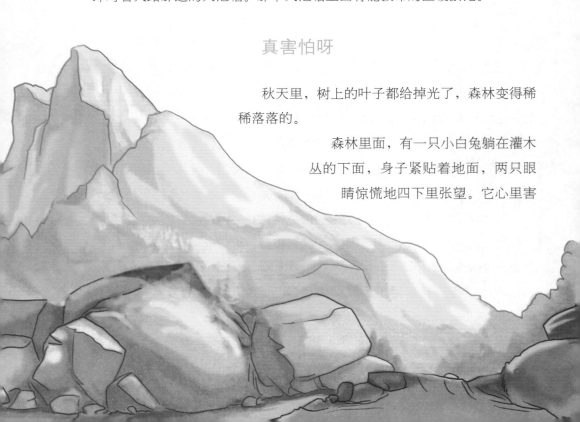

怕极了，周围静悄悄的，只有树叶发出不一样的沙沙声。

难道是老鹰在树枝上扑打翅膀？或者是狐狸的脚踩在了落叶上？而它——小兔子，毛色正在变白，上面长着斑点。它正耐心地等待着下头一场雪。这个季节里，森林就像个五颜六色的万花筒，周围是那样的明丽鲜亮，地面上到处散落着黄色、红色或是棕色的落叶。

这时，如果猎人突然来了怎么办呢？

要立刻跳起身来逃跑吗？可是，该往哪里跑呢？

干枯的叶子会在脚下沙沙乱响，就像踩在铁片上一样，搞不好会被自己的脚步声给吓死。

小白兔躺在灌木丛下胡思乱想着，它把整个身子藏在青苔里面，贴着一个白桦树墩，动也不动，大气也不敢出，只有两只眼睛滴溜儿转着，东瞅瞅西望望。

好可怕呀！

阅读理解
一连串的问句，展现了兔子此时的害怕心理，生动地展现在深秋季节兔子的处境。

红胸小鸟

夏天的时候，我经过森林，听见茂密的草丛里面好像有个什么东西在跑。我先是吓了一跳，接着，慢慢缓过神来，开始仔细观察草丛。原来是一只小鸟被青草给绊住了脚，出不来了。这只小鸟个儿不大，身上都是灰色的羽毛，只有胸脯是红色的。我不费吹灰之力就抓住了它，高兴地把它带回了家。

到家以后，我便给它喂了点面包屑吃。它吃饱了肚子，高兴了起来。我又给它做了个笼子，每天捉小虫给它吃。就这样，它在我家里住了整整一个秋天。

可是过了不久，不幸的事就发生了。有一次，我出去玩，忘了把笼子的门关好，它竟然被我家的猫给吃掉了。我很爱这只小鸟，甚至为此大哭了一场。可是除此之外，我还能做些什么呢？

星鸦之谜

在我们这里的森林里面，有一种乌鸦，它们比普通的灰乌鸦小一点儿，浑身都长着斑点。我们管它们叫做星鸦，西伯利亚人管它们叫做星乌。

星鸦采集松子，放到树洞里面或者树根底下，准备入冬后再吃。

冬天的时候，星鸦就是靠着这些食物在森林中生活得悠闲自在。

它们吃的都是自己贮藏的食物吗？不，不是的。每一只星鸦吃的，都不是它自己贮藏的松子，而是它们的亲戚贮藏的。当它们飞到一片小树林里面，可能那地方它们以前从没有去过，它们的头一件事儿，就是去寻找别的星鸦储藏在那片树林里面的松子。它们会仔细地搜索所有的树洞，在树洞里面寻找松子。

藏在树洞里面的松子当然好找些。可是，也有些星鸦会把松子藏到树根或灌木丛下面，这可怎么找啊？要知道，冬天里大地都被白雪覆盖了。可是，星鸦们看似随意地飞到某一株灌木丛边上面，拨开下面的雪，就能够准确无误地找到其他星鸦的储备。究竟这些星鸦是怎么知道恰恰是这棵树的下面藏着松子的呢？要知道，树林里面长着成千上万棵看起来都差不多的乔木和灌木啊。它们到底是靠着什么分辨的呢？

这一点，我们还无从知道。

我们得做一些有趣的试验，弄清楚星鸦究竟是凭借着什么能力在白茫茫的大雪底下就轻松地找到了自己同类的储藏品的。

我逮住了一只松鼠

松鼠每年都会操心一件事：夏天要不停地收集粮食，留着在冬天的时候吃。

我曾亲眼看见，一只松鼠从云杉树上面摘下了一个球果，把它拖到洞里面去了。我在这棵树上留了个记号。后来，我们把这棵树给伐倒了，并把松鼠掏了出来，在树洞里面发现了很多这样的球果。我们把松鼠带回了家，养在了笼子里面。一个小男孩把手指头伸了进去，却被松鼠一口给咬穿了。它是那么厉害！我们给它带来许多云杉球果，它非常喜欢吃，不过，它最喜欢吃的还是榛子和胡桃。

森林通讯员／斯米尔诺夫

我的小鸭

我妈妈把三枚鸭蛋放在了一只母火鸡的身下。到了第四个星期的时候，孵出了几只火鸡和三只小鸭。在幼雏们长大以前，我们一直把它们放在非常暖和的地方。直到外面也暖和起来的时候，我们才第一次把它们带到了外面。

在我们家附近有一条水沟。小鸭子马上就摇摇摆摆地走进沟里，游了起来。火鸡急忙跑了过去，担心地大叫："哦！哦！"它看见小鸭子们安静地在水里面游着泳，并没有遇到什么危险的情形，这才放下心来，带着小火鸡走开了。

小鸭子在水沟里面游了没多久，就感觉冷了。它们从水里爬出来，嘎嘎地叫着，浑身发抖，却没有地方取暖。

于是，我把它们放到手里面，用手帕盖好，带回到了屋子里面，它们立刻就安静了下来。从此，它们便和我住在了一起。

每天清早的时候，我都会把三只小鸭从家里给放出来。它们就会立刻跳进水里面，一感觉冷的时候，又马上跑回家来。它们太小——翅膀还没有长齐呢，还飞不上台阶，只知道叫唤。有人路过的时候，就会把它们拎

上来。然后，它们三个就会径直跑到我房间里，并排站着，一起伸着脖子一个劲儿向我叫唤。有时候我还在睡觉，妈妈就会把它们拎到床上，让它们钻进我的被窝，跟我一起睡。

临近秋天时，它们都已经长大了，我也进城去上学了。妈妈写信告诉我，我的小鸭子们非常地想念我，老是哀哀地叫唤。听到了这个消息之后，我悄悄地哭了很多次。

森林记者／薇拉·米赫耶娃

"女妖的扫帚"

现在，树木都已经是光秃秃的了。上面有一些东西，夏天的时候你是看不到的。比如远处那棵白桦树，整个树上都像是布满了白嘴鸦的巢。可是等你走近一看，就知道那根本就不是什么鸟巢，而是一些黑色的细树枝，向着四面八方生长着，它们被叫做"女妖的扫帚"。

你们可以回想一下，你知道的任何一个关于女妖或巫婆的童话。在那里，巫婆乘着扫帚在空中飞行，或者用扫帚清除自己的痕迹；女妖会骑扫帚从烟囱里面飞出来。可见，无论是巫婆或女妖，都是离不开扫帚的。因此，她们就会给各种树施一种魔法，让那些树长出像扫帚一样难看的树枝。反正，讲童话的人就是这么讲的。

可是这种说法科学吗？可信吗？答案当然是"不"。事实上，树上会长出这样一束束的细枝，是因为它得了一种疾病。这种树生的病，是由一种特殊的扁虱，或者说是菌类引起的。榛子树上的扁虱又小又轻，风就可以把它吹得满树林乱飞。把它吹落在哪棵树的树枝上，它就会钻进那根树枝的胚芽里面，在那儿安居下来。胚芽将来会长成嫩枝。扁虱并不去动树枝，它只吃嫩芽里面的汁液。胚芽被它们给咬伤了，产生了分泌物，于是芽就生病了。等到这个胚芽开始发育时，本来娇嫩的枝条就会像变魔术一样快速地生长，是普通枝条生长速度的6倍。

病芽会长成一根短短的嫩枝，嫩枝便又会生出侧枝。扁虱繁殖的幼虫

们会爬到侧枝上面，于是侧枝又生出侧枝。就这样，不断地分出侧枝。于是，在原来只有一个芽，本该只长一个枝条的地方，就会生出一把难看的"女妖的扫帚"了。

桦树、赤杨、山毛榉、千金榆、槭树、松树、云杉、冷杉和其他各种乔木、灌木上，都是经常会长出"女妖的扫帚"的。

活的纪念碑

现在正是植树的好时候。

对于植树这件事，它既可以让参与的人感到快乐，又对大家有益处。在这件事上，孩子们当然不会落后于成人。他们小心翼翼地学着尽量不伤到树根，把冬眠中的小树从土里面挖出来，并移植到新的地方去。很快，小树就将从冬眠中醒来，给人们带去无尽的春的喜悦。每一个栽种或者照料过小树——哪怕只有一棵小树的孩子，都是在为自己立了一座难忘的绿色纪念碑，一座永远立在心里的活纪念碑。

孩子们的想法是很好的。他们想在花园和校园里栽种一些由小树或者灌木丛组成的活篱笆。这些浓密的活篱笆不仅能够阻挡尘土和白雪，而且还可以引来许多的鸟儿。鸟儿在这儿能找到可靠的掩护。夏天里，鹡鸰(jí líng)、知更鸟、黄莺和我们一些其他的好朋友——益鸟，将要在这些活篱笆里筑巢、孵雏鸟。它们会积极地保护花园和菜园，让它们免遭害虫和其他昆虫的侵犯。它们还将用自己最悦耳动听的歌声，让我们大饱耳福。

一些少先队员在夏天时去了克里木，从那儿带回来一种很有趣的灌木——列娃树的种子。春天的时候，他们用这些种子建成了一个出色的活篱笆。这种篱笆上不得不挂个牌子——"请勿用手触摸！"这是一种杀伤性很强的灌木，它不会放过任何企图穿越它们缝隙的人或者动物。因为列娃树可以像刺猬一样扎人，像

阅读理解
一棵树就是"一座绿色纪念碑"，孩子们都应该懂得树木的重要性。

猫一样抓人，像荨麻一样灼人。让我们
看看，什么鸟会选中这个严厉的看守来作
为自己的保卫者呢？

候鸟迁徙的秘密

　　为什么有的鸟向南飞，有的鸟向北飞，有的鸟向西
飞，有的鸟却要向东飞呢？

　　为什么有的鸟要一直等到万里冰封、大雪纷飞，实在
找不到东西可吃时，才会离开我们？而有的鸟——比如雨
燕——却每年都在固定的日期就会离开我们呢？那个固定
的日期通常是不变的，虽然它们离开时，周围往往还有许
多可以吃的食物。

　　最重要的是，它们究竟是怎么知道秋
天该往哪里飞，去哪里过冬，又该沿着
什么路线飞行呢？

　　事实就是事实。比如说，春天的
时候，在莫斯科附近，从蛋里孵出
了一只雏鸟，它在冬天来临时就会
飞到南非或印度过冬。我们这里还有
一种小游隼，它飞行的速度很快，可以从西
伯利亚一直飞到世界的尽头，再飞到澳大利亚。在澳大利亚住一段时间之
后，又会飞回到我们的西伯利亚，在我们这里度过春天。

不是那样简单

　　也许你会说，这再简单不过了，既然鸟儿有翅膀，那还不是想飞到哪
里，就飞到哪里啊！在这里待着又冷又饿，那当然就拍拍翅膀，朝着稍微

南边一点儿，感觉更暖和一点儿的地方飞去了。如果到了那里天气也冷了起来，那就再飞远一些。总之，随便找一个气候适宜、食物丰富的地方去过冬。

实际上，当然不可能这么简单！不知道是出于什么原因，我们这儿的朱雀会一直飞到印度去过冬；而西伯利亚的游隼却会沿途经过印度河，一路上会路过不下几十个适合过冬的炎热国家，一直飞到澳大利亚去。

也就是说，促使候鸟越过高山，飞过海洋，飞到遥远的国度的原因，并不只是饥饿和寒冷这么简单，那也许是鸟类的一种与生俱来、非常复杂、难以摆脱、也无法去控制的一种感觉。

大家都知道，在远古时，我们国家的大部分地区都不止一次地遭受过冰川气候的侵袭。死气沉沉的冰河以排山倒海之势，迅速地覆盖着整片平原，之后又慢慢地退却了，这个过程整整持续了数百年。后来，冰河又卷土重来了，几乎毁灭了所到之处的一切生物。

阅读理解

从这里可以看出，鸟儿们飞走过冬的原因并不单单是因为寒冷、饥饿。进一步引起读者的好奇心，探究鸟儿们飞走过冬的缘由。

但鸟儿的翅膀救了它们的命，头一批飞走的鸟儿，占据了最靠近冰河岸边的土地；下一批飞得离岸边更远一些；再下一批更远更远。总之，就好像玩跳背游戏似的。等到冰河退却时，被冰河赶出家门的鸟儿，又长途跋涉返回自己的故乡。飞得不远的，最先回来；飞得远一些的，下一批回来；飞得更远一些的，再下一批回来——跳背游戏的顺序又倒了过来。不过，这个跳背游戏"玩"得可够慢的——跳一次要好几千年！在这巨大的时间间隔里面，鸟儿便养成了一种习性：秋天的时候，在天气寒冷时，离开自己的家乡；春天的时候，天气暖和时，再回到那儿去。这样一种习惯，经过千年的磨砺，变得"刻骨铭心"，于是就被长期地保留了下来。因此，候鸟每年都会由北向南飞。还有个事实也证明了这个猜测——在地球上冰河没有侵袭过的地方，几乎没有候鸟会随着气候的变化而长途跋涉地大规模迁徙。

其他原因

其实，秋天的时候，鸟儿并不一定都是向南——向温暖的地方迁徙，有些鸟类也向其他的地方飞，甚至有的会向北——向最寒冷的地方飞。

有些鸟儿之所以会离开故乡，就是因为没有什么东西可吃，饥饿难忍，因为这儿的大地被雪深深地覆盖了，水也被冰冻起来了。只要大地出现一点儿融化的迹象，白嘴鸦、椋鸟、云雀等，就会马上飞回来；只要江河湖泊上有一点点融化后的水，鸥鸟和野鸭也就重新出现了。

绵鸭无论如何也不会留在干达拉克沙禁猎区过冬，因为冬天白海会被厚厚的冰层覆盖，什么食物都会找不到。它们就会往北方飞去，因为那儿有温暖的墨西哥暖流流过，虽然是更北的地方，可是那儿的海水一冬都不会冻结。

在冬天的时候，从莫斯科向南走，很快就到了乌克兰。在那儿，我们可以找到我们的老相识——白嘴鸦、云雀和椋鸟。这些鸟儿只不过飞到了比留鸟——云雀、灰雀、黄雀等稍远一点的地方去过冬。在我们当地，过冬的鸟儿通常都被称为留鸟。而且，有许多留鸟并不是一直居住在一个地方，它们也同样要迁徙。只有城里的麻雀、寒鸦、鸽子、森林和田野里的野鸡，才会一年四季都住在同一个地方；其余的鸟儿只是有的飞得近些，有的飞得远点儿。到底怎么判断哪一种鸟是真正的候鸟，哪一种鸟只是简单的移徙呢？举个例子，就说朱雀，这种红色的金丝雀，你就不能说它是候鸟。朱雀和黄鸟一样，朱雀会飞到印度去，黄鸟会飞到非洲去过冬。它们不属于候鸟的原因是，他们跟大多数候鸟不一样，它们并不是因为冰河的侵袭和退却而迁徙，他们的迁徙是有着别的原因的。

雌朱雀看起来跟普通麻雀没有什么分别，只不过头部和胸部长着鲜红颜色的羽毛。令人惊奇的是黄鸟，它浑身上下都是纯金色的，却有两只黑翅膀。

你不由得会想："这些鸟儿简直是穿着华服啊！在我们这里，它们真的算是本地鸟吗？它会不会是来自遥远的热带国家的客人？"

你猜得没错，也许就是这样。黄鸟是典型的非洲鸟，朱雀是印度鸟。也许情形可以这样来解释：在它们的故乡，像它们那样的鸟儿变得越来越多，因此年轻的鸟儿不得不为自己寻找新的可以居住和孵小鸟的地方。于是，它们便开始集体向北方迁徙，因为在那儿鸟儿不多，而夏天也不算冷，甚至连刚出生的光溜溜的雏鸟，都不会被冻坏。等到它们感觉挨饿和受冻时，可以再返回故乡，这时候那儿的雏鸟也已经孵了出来。大家和睦地群居在一起，鸟儿是不会赶走同类的。

到春天的时候，它们再飞到北方去。飞去又飞回，飞去又飞回，就这样周而复始过了几千几万年，于是养成了迁徙的习惯：黄鸟往北飞，经过地中海飞到欧洲；朱雀则从印度往北飞，经过阿尔泰山脉和西伯利亚，然后再往西飞，经过乌拉尔再继续飞。

对于鸟儿迁徙习惯的形成，还有另外一种观点：因为某些鸟类逐渐控制了新的领地。比方说朱雀，最近几十年来，我们眼看着这种鸟儿越来越往西迁徙，都快迁徙到波罗的海边上了。然而，冬天它们还是照旧会返回故乡印度去。

这些关于鸟儿迁徙的假说，说明了一些问题。不过，迁徙问题的谜底，还有很多没有揭开。

一只小杜鹃的简史

在泽列诺高尔斯克的一座花园里，也就是我们列宁格勒的附近，有一个红胸鸲（qú）的家庭。这只小杜鹃就诞生在这个家庭里。

你们没有必要问，它怎么会孤零零地出现在一棵老云杉树根旁的一个舒舒服服的巢里。你们也没有必要问，这只小杜鹃给它的红胸鸲养父母带来的麻烦、牵挂和不安有多少。它们费尽千辛万苦才能把这只个儿比它们自己大了3倍的馋鬼给喂大。

一天，花园的管理人来到了它们的巢旁，将已经生出羽毛的小杜鹃拿出，仔细地瞧了瞧，又放了回去。这可把红胸鸲夫妇俩给吓了个半死。在

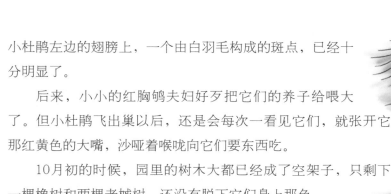

小杜鹃左边的翅膀上，一个由白羽毛构成的斑点，已经十分明显了。

后来，小小的红胸鸲夫妇好歹把它们的养子给喂大了。但小杜鹃飞出巢以后，还是会每次一看见它们，就张开它那红黄色的大嘴，沙哑着喉咙向它们要东西吃。

10月初的时候，园里的树木大都已经成了空架子，只剩下一棵橡树和两棵老槭树，还没有脱下它们身上那色彩鲜明的叶子。这个时候，小杜鹃已经不见了。至于那些成年的杜鹃，也在一个月以前，就离开我们这里的森林了。

这年的冬天，这只小杜鹃和我们这儿其他的杜鹃一样，是在南非度过的。那是夏天飞到我们这里来的杜鹃的诞生地。

可是今年夏天，也就是在不久以前，管理人看见在一棵老云杉上，落了一只雌杜鹃。管理人害怕它会破坏红胸鸲的窠，就用气枪把它给打死了。

在这只杜鹃的左翅膀上面，有个清清楚楚的白斑。

揭穿了好几个谜，但秘密还是秘密

对于候鸟迁徙的起源的假定，或许我们做得不错，但是下面这些问题怎么解答呢？

候鸟迁徙的路程，足有几千公里长，它们是怎么认识这条路的呢？

以前，人们认为，秋天的时候，每一个迁徙的鸟群里面，都至少有一只老鸟，率领着全体年轻的鸟，沿着它所熟悉的路线，从筑窠地飞往过冬地。现在这种说法却被否定了：在今年夏天刚从我们这儿孵出的鸟群里，可能连一只老鸟也没有。有一些鸟，年轻鸟比老鸟先飞走；有一些鸟，老鸟比年轻鸟先飞走。可是，不管怎样，年轻鸟都会在规定的日期飞抵过冬地，不会出差错。

这可真是件奇怪的事情。老鸟的头脑只有那么一丁点儿大，就算是这个脑子能记住千百公里长的路程吧，可是雏鸟也只是在两三个月以前才出世的，它们还没见过世面，它们怎么会独立地认识这条路呢？这真是叫人百思不解呀！

就说我们泽列诺高尔斯克的那只小杜鹃吧，它是怎么找到杜鹃在南非过冬的地方的呢？所有的老杜鹃，都几乎比它早飞走一个月，没有老鸟来给那只小杜鹃指引道路的。杜鹃是一种性格孤僻的鸟，它们从来不结群成队，甚至在迁徙时，也都是单独飞行的。小杜鹃是红胸鸲哺育大的，而红胸鸲是要飞到高加索去过冬的鸟。那么，我们的小杜鹃是怎样飞到南非去的呢——南非是我们北方的杜鹃世世代代过冬的地方——而且在飞去以后，又怎么回到红胸鸲把它从蛋里孵出来、哺育大的那个鸟窠里来的呢？

年轻鸟怎么会知道，它们应该飞到哪儿去过冬？

亲爱的《森林报》读者们，你们需要好好地研究一下这个鸟类的秘密。说不定呢，这个秘密还得留给你们的孩子去研究。

要解答这个问题，首先就得放弃像"本能"这类难懂的词汇。需要想出千千万万个巧妙的试验来做，要彻底搞清楚：鸟类的智慧和人类的智慧有着哪些不同？

 名家点拨

10月是深秋的时候，动物们都在为自己过冬做准备。通过作者的介绍，我们了解了不同动物的过冬方式。

集体农庄生活

名家导读 *

深秋的季节，集体农庄里的生活又是怎样的呢？人们都在忙些什么呢？他们是怎样来喂养他们的家畜的？果园里的树木们现在又怎样了呢？

拖拉机没有再轰隆轰隆地响了。集体农庄里，亚麻的分类工作即将结束，而最后几批载着亚麻的货车，已经鱼贯向车站开去了。

这时候，集体农庄庄员们已在考虑新收成的问题。特种选种站已经为全国的集体农庄培育了黑麦和小麦的优良新品种，庄员们正在考虑这些麦子的事情。田里的工作很少了，家里的工作增加了许多。集体农庄庄员们现在已经把他们的注意力放在家畜圈上了。

集体农庄里的牛羊，已经被赶进了一个个畜栏，马也都被赶进马厩里去了。田野已经空了。一群群灰山鹑，走到离人家近一些的地方来了。它们在谷仓附近过夜，甚至有时还会飞到村庄里来。

打山鹑的季节已经过去了，有枪的庄员们现在开始转向打兔子去了。

昨 天

胜利集体农庄养鸡场开亮了电灯。现在白昼短了，所以集体农庄庄员们决定每晚用灯光照亮养着他们的鸡场，以此来延长鸡的散步时间和进食时间。

鸡对此感到高兴极了。电灯一亮，它们就马上扑在炉灰里洗澡。一只顶喜欢寻衅闹事的公鸡，歪着它的脑袋用左眼瞅瞅电灯，说：

"咯！咯！噢，要是你挂得再低一些的话，我一定会啄上你一口！"

新生活集体农庄的报道

果园工作队正在忙着整修果园里的苹果树。他们需要把它们收拾干净，打扮起来。在它们身上，除了灰绿色的胸饰——苔藓以外，别的什么也没有了。集体农庄庄员们便从苹果树上取下了这种装饰物，原因是有害虫藏在那里面。庄员们在树干和下面的树枝上涂上了石灰，这样可以避免苹果树再生虫，也可以避免它们被太阳灼伤，还能避免它们被寒气侵袭。现在苹果树都穿上了白衣裳，显得漂亮极了。难怪工作队长开玩笑说：

"我们在节前把苹果树打扮起来，好带上我这些漂亮的苹果树去游行呢！"

又有营养，又好吃

干草末是一切饲料中最好的调味料，它是用最高级的干草制成的。

吃奶的小猪，如果你们要想快点长成大猪的话，那就吃干草末吧！下蛋的鸡，如果你们想天天下蛋，"咯咯哒——咯咯哒——"地夸耀你们新下的蛋的话，那就来吃干草末吧！

适于百岁老人采的蘑菇

在黎明集体农庄里，有一位百岁的老婆婆阿库丽娜。我们《森林报》的记者去访问她时，她不在家里。阿库丽娜老婆婆出去采蘑菇去了。她回来时，带了满满一口袋的洋口蘑。她说："那些一个个单独生长着的蘑菇，躲得让人看不见。那种蘑菇，我已经找不到它们了——眼睛不行啦！可是今天我采回来的这种蘑菇，不管在什么地方只要有一个，就会有成百个，一大片。我非常喜欢这种蘑菇。这种蘑菇叫做洋口蘑。它们还有一种习惯，就是往树墩上爬，好叫自己更显眼一些。这种蘑菇最适合老婆婆采了！"

冬前播种

在劳动者集体农庄里，蔬菜工作队正在往垄上播种莴苣、葱、胡萝卜和香芹菜。种子撒在了冰凉的土里，如果相信队长的孙女儿的话，那么应该这样说，种子对于这件事是十分不满意的。队长的孙女儿硬说，她听见种子在大声地唠叨：

"无论你们播种不播种，反正天气是这么的冷，我们就是不发芽！你们要是爱发芽，就自己发去吧！"其实呢，蔬菜工作队的队员们之所以这么晚才播下了这批种子，正是因为在秋天的时候它们已经不能再发芽了。

可是，到了春天的时候，它们就会很早就发芽，很早就成熟。早一点儿收获到莴苣、葱、胡萝卜和香芹菜，可是件非常好的事情。

尼·巴甫洛娃

集体农庄的植树周

现在，在俄罗斯苏维埃联邦的各个地方，已经开始了植树周。苗圃里预备好了大批的树苗。在俄罗斯联邦的各集体农庄里面，都开辟有几千公顷大的新的果园和新的浆果园。集体农庄庄员们和职工们，将会把成百万棵苹果树、梨树和其他果树，全部都栽好。

列宁格勒塔斯社

 名家点拨

通过作者的介绍，我们了解到了深秋的时候集体农庄的生活，从而使我们了解到，这个时间人们田里的活少了，而最主要的任务是饲养他们的家畜。

城市新闻

名家导读

深秋，在城市里面，有什么新闻发生了呢？动物园的动物和森林里的动物过冬的方式一样吗？它们又是怎么过冬的呢？

在动物园里

鸟兽已经从夏天的露天住所，搬到冬天的住宅里面来了。它们的笼子里已经生上了火，烧得暖暖和和的。所以，没有一只野兽打算过那漫长的冬眠生活。

园里的鸟儿没有飞到笼子外面去。一天之内，它们就全部被人从寒冷的地方搬到暖和的地方去了。

没有螺旋桨的飞机

这段日子，总有一些奇怪的小飞机，在本市的空中盘旋。

行人常常会在街心站住，抬起他们的头，惊讶地注视着这些飞行中队慢慢地在上面兜圈子。他们彼此问道：

"看到了吗？"

"看到了，看到了。"

"真是奇怪，怎么听不见螺旋桨的声音呢？"

"可能因为飞得太高了。您看，它们好小啊！"

"就算降低了，您也不会听见螺旋桨的声音的。"

"为什么？"

"因为它们根本就没有螺旋桨。"

"怎么会没有螺旋桨呢？难道说这是一种新型的飞机吗？是什么型的？"

"雕！"

"您在开玩笑吧！列宁格勒怎么会有雕？"

"有的。它们叫做金雕。它们现在正在忙着搬家——向南飞。"

"原来是这样！嗯，现在我也看清楚了，的确是鸟在盘旋。要是您不说，我还以为那是飞机呢。太像飞机了！就算是扇一下翅膀也好呀。"

快去看野鸭

在涅瓦河上的斯密特中尉桥的附近，还有在彼得罗巴甫洛夫斯克要塞附近和其他地方，这几个星期以来，经常会出现许多奇形怪状、颜色繁多的野鸭。

有和乌鸦一样黑的鸥海番鸭，有弯嘴、翅膀上带白斑的斑脸海番鸭，有尾巴像小棒似的杂色的长尾鸭，有黑白两色相间的鹊鸭。

对于都市的闹声，它们一点儿也不害怕。

甚至在黑色的蒸汽拖轮迎风破浪，把它的铁制船头向它们一直冲去时，它们也不感到害怕。它们只会往水里一钻，然后又在离原处几十米远的地方，钻出水面。

这些潜水的野鸭，都是海上飞行线上的旅客。它们每年到我们列宁格勒来做客两次——春天的时候一次，秋天的时候一次。

当拉多牙湖中的冰块流到涅河里时，它们就飞走了。

鳗鱼的最后一次旅行

秋天来到了大地。秋天也同样来到了水底。

水变得凉起来了。

老鳗鱼动身开始它的最后一次旅行。

这些老鳗鱼从涅瓦河动身，经过芬兰湾、波罗的海和北海，游到水很深的大西洋里面去。

它们已经在河里生活了一辈子，可是没有一条会再回到河里来。它们将会在几千米深的海洋里面，找到自己的坟墓。

但是，它们要产完卵才能死呢。海洋的深处并不是像我们所想象的那么冷：那里的水温大概有7℃。不久以后，鱼子在那儿都将会变成小鳗鱼。小鳗鱼就如同玻璃一样透明。几十亿条小鳗鱼开始了它们的长途旅行，3年以后，它们将游进涅瓦河口。

它们将会在涅瓦河里成长，长成一条条大鳗鱼。

名家点拨

在这一章中，作者给我们介绍了深秋城市里的新闻，从中我们了解到，在城市里面，由于人们给动物园提供了暖和的生活环境，从而改变了动物本来的生活习性：冬眠。

狩 猎

名家导读 ✳ ❀

————————————————————————————

深秋的早晨，空气是那么清新。猎人们要到郊外打猎了，他们是怎么猎取到他们的猎物的呢？

————————————————————————————

秋 猎

秋天，早晨的空气是那么清新。一个猎人掮着他的枪到了郊外。他用一条短皮带牵了两只紧靠在一起的猎狗，这两只猎狗的胸脯都很宽，长得很壮实，黑色的毛里夹杂着棕黄色斑点。

猎人走到了小树林边，解下了猎狗的皮带，便把它们"丢"到小树林里去。两只猎狗便都向灌木丛里蹿去了。

猎人悄悄地顺着树林边走，他小心地选择着可以迈下步子的小路，这条小路是野兽走惯了的。

他站到灌木丛对面的一个树墩后面，那儿有一条隐隐约约的林中小路，从林中一直通向下面的小山谷。

他还没有来得及站稳，猎狗就已经找到了兽迹。

先叫起来的，是老猎狗多贝华依，它的叫声低沉而喑哑。

年轻的札利华依跟在它的后面汪汪地叫了起来。

猎人一听叫声就很清楚，是它们吵醒了兔子，把兔子给轰出来了。秋天的地面，被雨水弄得尽是烂泥，变得黑糊糊的。现在这两只猎狗正在这

烂泥地上，用它们的鼻子嗅着兔子的足迹，向前追赶着。

它们一会儿离猎人比较近，一会儿离猎人又很远，这是因为兔子总在兜圈子。

哎呀，傻瓜！那不就是兔子嘛！兔子的棕红色皮毛不是就在山谷里一闪一闪嘛！

猎人错过了这次机会。

看那两只猎狗！多贝华依在前面，札利华依伸着舌头跟在它的后面。它们紧追着兔子，在山谷里面跑。

唉，没关系，还会追回到树林里面来的。多贝华依是一只一旦追上了野兽就不肯放松的猎狗——只要它发现了兽迹，就不会放过，也不会错失。因为它是一只熟练的猎狗！

又跑过去了，又跑过去了。兜着圈子跑，又回到树林里面来了。

猎人心想："反正兔子还是会跑到这条小路上来的。这回我可不能再把机会给错过了！"

静了一会儿。后来，咦！怎么回事儿啊？

两只猎狗为什么一只在东叫，一只又在西叫呢？

这会儿，带头的老猎狗干脆就不叫了。

只有札利华依自个儿仍在那儿叫。

静下来了。

又传来了带头的猎狗多贝华依的叫声，不过这一回的声音和刚才可不一样，显得比刚才的激烈，而且还有些发哑。札利华依尖着嗓子，上气不接下气地跟着它叫了起来。

原来它们找到了另外一只野兽的踪迹！

是什么野兽呢？反正肯定不是兔子。

很可能是红色的……

猎人急忙给猎枪换上了子弹：装进了最大号的霰弹。

一只兔子从小路上蹿了过去，跑到田野里去了。

阅读理解
"不过"这一转折词的使用，预示着事情有了新的变化，给将要出现的新的野兽狐狸的出现埋下了伏笔，起到铺垫的作用。

猎人看到了，但是他没有举枪。

猎狗越追越近了。这两只猎狗的叫声，一只是嘶哑的，一只是激怒的尖叫。突然间，一个火红的脊背，露着白胸脯，冲到了小路上来，正好蹿过灌木之间兔子刚才跑过的那个地方，径直朝着猎人冲过来了。

猎人举起了他的枪。

那野兽发觉了，急忙把它蓬松的尾巴往左一甩，又往右一甩。

可是已经晚了！

砰！被打死的狐狸抛到了空中，然后直挺挺地摔在地上。

猎狗从树林里面出来，向狐狸扑了过去。它们用它们的牙咬住狐狸的火红色毛皮，撕着，扯着，眼看快要撕破了！

"放下！"猎人奔了过去，厉声厉色地向猎狗吆喝着，并赶紧从猎狗的嘴里夺下了宝贵的猎物。

地下的搏斗

在离我们的集体农庄不远的森林里面，有个出名的獾洞。这个洞是自古以来就有的。它虽然叫做"洞"，但实际上根本就不是个洞，而是一座被世世代代的獾纵横掘通了的山冈。这是一个完整的獾的地下交通网。

塞索伊奇领着我去看了那个"洞"。我便把山冈仔细地观察了一番，数了数，一共有63个洞口。在山冈下的灌木丛里面，还有一些看不出来的洞口。

一眼就能看出，住在这宽敞的地下隐蔽所里的，不仅仅是獾。在几个入口处，都有着成堆的甲虫在蠕动着——有埋葬虫、推粪虫和食尸虫。这儿有许多的鸡骨头、山鸡骨头和松鸡骨头，还有长长的兔子的脊椎骨。甲虫正在这些骨头上忙碌着呢！獾才不会干这种事呢！它是不捉鸡和兔子吃的。而且獾很爱整洁，它从来不把吃剩的食物或其他的脏东西丢在它的洞里洞外。

兔子、野禽和家鸡的骨头证明：这儿住着一个狐狸家庭，它们和獾是邻居，也住在这座山冈的地下。

有些洞已经给掘坏了，成了真正的壕沟。

塞索伊奇说："我们这里的猎人花费了很多力气，要把狐狸和獾挖出来，可是却白忙一阵。不知道那些狐狸和獾都溜到地底下哪儿去了。在这里，不管怎么挖，都挖不出来。"

他沉默了一会儿，然后又补充道：

"现在我们来试试看，用烟把里面的家伙给熏出来！"

在第二天早晨，塞索伊奇、我、还有一位小伙子，我们三个人向山冈走去。路上，塞索伊奇老是和那个小伙子开玩笑，一会儿叫他烧炉工人，一会儿又叫他火夫。

我们三个人忙了许久，才把那地下洞府所有的洞口都给堵上了，只留下山冈下面的一个和山冈上面的两个没有堵。我们搬了一大堆枯树枝来，放在下面的那个洞口，都是一些杜松枝和云杉枝。

我和塞索伊奇两个人，分别站在上面的一个洞口附近，躲在小灌木后头。"烧炉工人"在洞口点起火来。烧旺时，又堆上了许多的云杉枝。火堆冒出了刺鼻的浓烟，没过一会儿工夫，烟就如同冒进烟囱里似的，冲到洞里面去了。

我们这两个射击手，在我们埋伏的地方，急不可耐地在等浓烟从洞口冒出来。机灵的狐狸也许会早一些蹿出来吧？不然的话，或许会滚出一只又笨又懒的肥獾子？或在那地下洞府里面，它们已经被烟熏迷了眼睛？

但是，洞里面的野兽真有股耐劲儿呢！

我看到烟升到塞索伊奇跟前的灌木丛后面来了，也冒到我的身边来了。

现在不用再等很久了，眼看野兽打着喷嚏和响鼻跳出来了。有好几只，一只跟着一只跳出来。猎人已经把枪端到了肩膀上——可不能让那行动敏捷的狐狸给逃掉！

烟越来越浓了，现在是一团团，滚滚地朝外冒，弥漫到灌木的旁边来了，熏得我的眼睛都睁不开，眼泪也流出来了。说不定在眨眼睛、抹眼泪时，会把野兽给放跑的！

可是野兽还是老不出来。

手托着抵在肩膀上的枪，累得很。我就把枪放下了。

我们等了好长时间。小伙子一个劲儿往火堆里添枯树枝和云杉枝。还是没有一只野兽出来。

"你以为它们被烟熏死了吗？"在往回走的路上，塞索伊奇说，"没有，老弟，它们没被熏死！因为烟在洞里是向上升的，可是它们钻到地底下去了。谁知它们那个洞挖得有多深呀！"

这次的失败，使小络腮胡子非常不高兴。为了安慰他，我给他讲了一段凫鹈和粗毛的狐狸的事儿。这两种猎狗都非常凶猛，会钻到兽洞里去捉獾和狐狸。 塞索伊奇听后，忽然振奋起来，他要求我给他弄一只这样猎狗来。不管怎样，也要给他弄这样一只猎狗来！

我只好答应尽量给他想想办法。

这件事过去后没多久，我就到列宁格勒去了。想不到我的运气还不错，我认识的一位猎人，把他心爱的一只凫鹈借给我了。

当我回到村庄，把小狗带去交给塞索伊奇时，他竟对我发起脾气来了，说："你怎么啦？想要取笑我吗？这只小老鼠，别说是老公狐，就算是只小狐狸，也能把它给咬死吐出来的。"

塞索伊奇的个子小，他对自己的小个子非常不满意，别的小个子（甚至包括狗在内），他也瞧不起。

凫鹈的外表真的是非常滑稽：又矮又小，身子长长的，四条歪歪扭扭的小腿儿，就像是骨头脱了臼似的。可是当塞索伊奇大大咧咧地向它伸过手去时，这只粗野的小狗，竟龇出它坚固的牙齿，恶狠狠地咆哮起来，向他猛扑了过去。塞索伊奇赶忙向旁边一闪，说了句："好家伙！真凶呀！"然后就不吭声了。

我们才刚刚走到了山冈前，小狗就暴跳如雷地向兽洞冲了过去，差一点儿把我的手挣脱了臼。我刚把它从皮带上给解下来，它就钻进黑咕隆咚的洞里面去了。

人类为了自己的需要，培养出了一些奇怪的犬种。也许其中顶奇怪的一种，就是这种个儿不大的地下猎犬凫鹈了吧。它的整个身子，就像貂一样细瘦，没有比它更适于钻洞的了：弯弯的脚爪非常会挖泥土，也会使劲抵住泥土；它那窄长的嘴脸，一旦咬住了猎物，就会死命不放。我站在兽洞的上面等着，心想，在黑暗的地下，这只有教养的家犬和森林中的野兽浴血决战，不知道会有怎样的结局。我想到这儿，不免提心吊胆起来。要是小狗不从兽洞里出来了，我还怎么有脸去见这只爱犬的主人呢？

地下正在追猎。虽然有着厚厚的一层泥土给挡着，可我们还是听到了响亮的狗叫声。猎狗的叫声好像不是从我们的脚底下传来的，而是从遥远的什么地方传来的。

但是，叫声越来越近，越来越清晰。叫声狂怒得嘶哑了。更近了……可是，忽然又离远了。

我和塞索伊奇站在山冈上面，手里紧捏着已经用不上的猎枪，捏得手指头都痛了。叫声一会儿从第一个洞口传出来，一会儿又第二个洞口传出来，一会儿又从第三个洞口传出来。

叫声突然断了。

我知道这是为什么：小猎狗在黑暗地道里面的什么地方，追上了野兽，正在和它厮杀呢！

这时我才忽然想到，在放小猎狗进兽洞之前，我就应该考虑到，通常猎人打这样的猎，总要带上铁锹，等到猎狗在地下跟敌手一旦交战，就赶紧挖开它们上面的土，以便在猎狗搏斗失利时帮助它。当搏斗在离地面大约1米的地方进行时，可以这样做。但是，这个深洞，连用烟都没法把野兽给熏出来，还谈得到给猎狗帮什么忙呢？

我怎么办呀？凫鹈一定会死在深洞里面的。也许在深洞里，它不得不跟好几只野兽搏斗呢！

忽然又传来了闷声闷气的狗叫声。

不过，我还没有来得及高兴，狗叫声就又沉寂了。这回可完啰！我和塞索伊奇，在这只英勇的小狗的坟墓前面站了很久。

我不忍下决心就这样走开。塞索伊奇先开口了：

"是呀，老弟，咱俩干了桩糊涂事儿！看来小狗是遇到老狐狸或是獾子了。"

塞索伊奇迟疑了一下，又补充说：

"怎么样？走吧。要不，再等一会儿。"

真是出人意料，从地下传来了一种窸窸窣窣的声音。

兽洞里面露出了一条尖尖的黑尾巴，接着是两条弯曲的后腿和长长的身子，那身子被泥土和血迹污染得非常厉害。凫鹈显然是移动很费力的样子。我高兴地奔了过去，抓住它的身子，把它往外拖。

一只肥胖的老獾，跟在小狗的后面，从黑暗的兽洞里面露了出来，老獾一动也不动。凫鹈死命地咬住了它的脖子，凶猛地摇撼着，过了好长时间还不肯放下那已经断了气的敌手，好像是怕它活过来似的。

本报特约通讯员

名家点拨

　　作者在本文中向我们展现了猎人们秋季打猎的过程，从中我们也可以看出，要想做一个好猎人，就要有娴熟的技能，这样才能猎到自己想要的猎物。

打靶场

射箭要射中靶子！
答案要对准题目！

第8次竞赛

1. 兔子跑路，是上山快，还是下山快？

2. 树木落叶的时候，我们可以发现鸟的什么秘密？

3. 森林里的什么动物在树上给自己晾蘑菇？

4. 什么野兽夏天住在水里，冬天住在地下？

5. 鸟儿给不给自己采集、贮藏冬天吃的食物？

6. 蚂蚁怎样准备过冬？

7. 鸟骨头里面有什么？

8. 猎人秋天最好穿什么颜色的衣服？

9. 鸟儿什么时候受了伤危险性比较小——夏天，还是秋天？

10. 这儿画的是谁的可怕的脑袋？

11. 可以把蜘蛛叫做昆虫吗？

12. 青蛙冬天躲到哪里去？

13. 这儿画的是三种鸟的脚：一种鸟是住在树上的，一种鸟是住在

的，一种鸟是住在水上的。哪一种脚属于哪一种鸟？

14. 什么野兽的脚掌是向外反拐的？

15. 这是森林中的耳鸮的头。请用铅笔尖指出它的耳朵在哪儿。

16. 往下掉，往下掉，一掉掉到水上了；自己不沉，水也不浑。（谜语）

17. 走呀，走呀，老是走不到；捞呀，捞呀，老是捞不完。（谜语）

18. 有一种草，只长一年就比院墙高。（谜语）

19. 随你跑多少年，你也跑不到；随你飞多少年，你也飞不到。（谜语）

20. 乌鸦长到三年后会怎样？

21. 在水里洗了半天澡，身上还是挺干燥。（谜语）

22. 我们穿它的"肉"，扔掉它的"头"。（谜语）

23. 不是国王，头上戴王冠；不是骑士，脚上有踢马刺；每天清晨早早起，也不许别人睡早觉。（谜语）

24. 有尾不是兽，有"羽"不是鸟。（谜语）

公告

这是谁干的事？

1. 在一棵老桦树上，有些一模一样的小洞，围着树干一圈。这是什么动物干的事？为什么要这样干？

2. 什么动物给牛蒡加过了工？

3. 在黑暗的森林里，什么动物用大脚爪抓破了树干，把云杉树皮撕下来给自己用？它要树皮来做什么？

人人都能够

收回啮齿动物从田里偷走的好粮食，只要学会寻找和挖掘田鼠洞就行了。

在这一期森林报上已经讲过了，这些有害的小兽，从我们的田里偷走大批精选的粮食，搬回它们的储藏室去了。

森林报·秋

冬客临门月

11月21日到12月20日 太阳走进人马宫

（秋季第3月）

No. 9

一年：12个月的太阳诗篇——11月

森林中的大事

集体农庄新闻

城市新闻

狩　猎

打靶场

公　告

一年：
12个月的太阳诗篇

　　11月——一半秋来一半冬。11月是9月的孙子，是10月的儿子，是12月的亲哥哥。11月在大地上插满钉子；12月在大地上铺上桥。11月骑着有斑纹的马出巡：地上一条烂泥、一条雪，一条雪、一条烂泥。11月这铁工场虽然不大，但铸造的枷锁却是足够全苏联用的：池塘与湖沼已经冻冰了。

　　秋天开始做的三件事：脱下森林未脱尽的那点衣服，然后给水戴上枷锁，最后又用雪被把大地给盖起来。森林里看着很不舒服：树木黑沉沉、光秃秃的，被雨水打得从头湿到脚。河上的冰亮闪闪的。但是如果你走过去踩它一脚的话，它就会咔嚓一响，裂开来，叫你掉进冰冷的水

里面。所有的翻耕田，盖上了雪被后，都已经停止生长了。

可是，现在还不是冬天，还只是冬天的前奏曲。几个阴天以后，又将会出一天太阳。一切的生物见到太阳的时候，有多么高兴呀！看吧，这里从树根下面钻出了一批黑色的蚊虫，飞上了天空；树根下还开出了一朵朵金黄色的蒲公英、款冬花——还都是些春天的花儿呢！雪融化了但是树木已经沉睡了，要毫无知觉地一觉睡到明年春天。

现在，伐木的季节到了。

森林中的大事

名家导读

11月，在这秋天即将告别，冬天就要到来的时候，森林里面还有什么重大的事情会发生呢？动物们都躲藏起来了吗？这个时候的森林会是什么样子的呢？

莫名其妙的现象

今天，我掘开了雪，检查了一些我的一年生植物。这是一种只能活过一个春天、夏天、秋天和冬天的草。

可是，我发现在今年秋天，它们并没都死掉。现在都已经是11月了，它们还有许多仍是绿色的呢！雀稗还是活的。这是乡村里生长在房前的一种草。它的小茎错综交织地铺在地上（人们常常毫不留情地用它来擦脚），小叶子长长的，粉红色的小花不太引人注目。

矮矮的、灼人的荨麻也是活的。夏天的时候，人们非常讨厌它。当你给田垄除草时，两只手会被它戳出水疱来。可是现在，在11月的时候，你看见它会觉得挺愉快。

活的还有蓝堇。你记得蓝堇吗？这是一种美丽的小植物，生

有微微分开的小叶子和细长的粉红色小花，小花的尖儿是深颜色的。你常常会在菜园里见着它。

这些一年生的草，都还活着。不过，我知道，到了明年春天的时候，它们就会都没有了。那么它们何必现在在雪下生活呢？这种现象怎样解释呢？我是不清楚的，还得去打听才知道。

尼·巴甫洛娃

阅读理解
作者在最后提出了自己的疑问，给读者留下了想象的空间。

森林里从来都不是死气沉沉的

冰冷的寒风在森林里横行霸道。光秃秃的白桦树、白杨树和赤杨树摇摇晃晃，沙沙作响。最后一批候鸟正在匆忙地离开故乡。

我们这儿的夏鸟还没完全飞走，冬客就已经来临了。

鸟儿有它们各自的口味和习惯：有的飞到高加索、外高加索、意大利、埃及和印度去过冬；有的鸟儿宁愿就在我们列宁格勒省区内过冬。在我们这儿，冬天，它们很暖和，吃得饱饱的。

飞 花

沼泽赤杨的黑枝，伸在那儿，显得非常凄凉！树枝上已经没有一片树叶，地上也没有青草。懒洋洋的太阳现在难得从灰色的乌云后露出脸来。

可是，忽然有许多快活的五光十色的花儿，在阳光照耀下的黑色赤杨沼泽地上，飞舞起来了。花儿大得出奇——有白的，有红的，有绿的，有金黄的。有的落在了赤杨树枝上；有的粘在了桦树的白色树皮上，就像是炫目的斑点似的闪烁着彩色的光；有

的掉在了地上；有的在空中颤抖着鲜艳的翅膀。

它们用一种芦笛似的声音互相呼应着，从地面飞上树枝，从一棵树飞向另一棵树，从一片小树林飞进另一片小树林。它们是什么？是打哪儿来的？

北方飞来的鸟儿

这是我们的冬客，是从遥远的北方飞来的小鸣禽。这里有红胸脯红脑袋的朱顶雀；有烟灰色的太平鸟，翅膀上有5道红羽毛，像5个手指头一样，头上有一撮冠毛；有深红色的松雀；有绿色的雌交嘴鸟和红色的雄交嘴鸟。这里还有金绿色的黄雀，黄羽毛的小金翅雀，胖胖的、胸脯鲜红美丽的灰雀。我们本地的黄雀、金翅鸟和灰雀，都飞到较暖的南方去了。上面说的这些鸟，都是些在北方做窠的鸟。北方现在冷极了，所以它们还觉得我们这儿挺暖和呢！

黄雀和朱顶雀吃赤杨子和白桦子；太平鸟和灰雀吃山梨和其他的浆果；交嘴鸟吃松子和云杉子。它们都吃得饱饱的。

东方飞来的鸟儿

在矮小的柳树上面，忽然开出了华丽的白玫瑰花。这些白玫瑰在灌木丛间飞来飞去，在树枝上转来转去，用那有黑钩的细长脚爪，东抓抓，西扒扒。花瓣似的小白翅膀，在空中忽闪着。空中荡漾着轻盈而又和谐的啼啭声。

这是山雀，白山雀

它们不是从北方飞来的，而是从东方，从那风雪咆哮的严寒的西伯利亚，越过山峦重叠的乌拉尔区，飞到我们这里来的。那儿早就已经是冬天了，深雪早已把矮小的山水杨树埋起来了。

该睡觉了

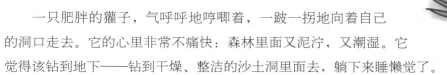

大片的乌云把
太阳给遮住了，
空中落着湿漉漉的灰
色雪花。

一只肥胖的獾子，气呼呼地哼唧着，一跛一拐地向着自己
的洞口走去。它的心里非常不痛快：森林里面又泥泞，又潮湿。它
觉得该钻到地下——钻到干燥、整洁的沙土洞里面去，躺下来睡懒觉了。

羽毛蓬松的林中小乌鸦——噪鸦——在丛林里面打起架来了。湿淋淋
的羽毛，闪烁着咖啡渣的颜色。它们放开喉咙大叫着。

一只老乌鸦从树顶哇地大叫一声。原来它看见远处有一具野兽的尸
体。它鼓起漆亮的蓝黑色翅膀，飞了过去。

林中现在是一片静寂。灰色的雪花沉甸甸地落在发黑的树木和褐色的
土地上面。地上的落叶正在逐渐腐烂。

雪下得越来越大。现在成了鹅毛大雪了，大雪把黑色的树枝掩盖了起
来，把大地也掩盖起来了。

我们列宁格勒省的河流——伏尔霍夫河、斯维尔河和涅瓦河——受到
严寒的侵袭后，先后都封了冻。最后，连芬兰湾也冻冰了。

最后的飞行

在11月的最后几天，已经吹集了成堆的雪，天气突然变得暖
和了。可是，雪还没有融化。

早晨的时候，我到外面去散步，看见雪上（不论是在灌木
丛里还是在树木间的大路上），到处都飞舞着黑色的小蚊虫。
它们有气无力地飞舞着，从下面的什么地方升起来，好像被风
刮着似的（虽然一点儿风也没有），飞了一个半圆圈，然

后又侧着身子落在了雪上。

午后，雪开始融化了，树上的雪掉了下来。你一抬头，融雪水就会滴在你的眼睛里面，或者一团又湿又凉的雪尘，洒在你的脸上面。这时，不知打哪里出来许许多多的小蝇子，也是黑色的。夏天我从来没看见过这种小蚊虫和小蝇子。小蝇子兴高采烈地飞着，只是飞得很低，紧挨着雪地飞。

到了傍晚，天气又转凉了一些，那个时候小蝇子和小蚊虫就不知藏到什么地方去了。

森林通讯员／维利卡

貂追松鼠

有许多松鼠游牧到我们这里的森林里来了。

在它们居住的北方，球果不够吃了。那儿是个荒年。

松鼠分散地坐在松树上。它们用它们的后爪抓住树枝，用前爪捧住球果在啃。

一只球果，从松鼠的脚爪里滑落到了雪上。松鼠舍不得丢弃它，气冲冲地叫着，它从一根树枝跳到另一根树枝上，蹦到下面去了。

它在地上蹦着蹿着，蹦着蹿着，后腿一撑，前脚一托，一直往前跳。

它一看，从一个枯枝堆里面，露出了一团黑糊糊的毛皮和两只锐利的小眼睛。松鼠把球果都忘了。它往跟前一棵树上一蹿，便顺着树干往上爬。从枯枝里面跳出一只貂，跟在后面追上来了。貂也飞快地顺着树干往上爬。松鼠已经到了树枝的梢上了。

貂顺着树枝爬了上去。松鼠一跳，就跳到了另外一棵树上面去了。

貂把它那蛇一般的窄细的身子缩成一团，背脊弯成弧形，也纵身一跳。

松鼠沿着树干飞跑。貂跟在它后面，也沿着树干飞跑。松鼠的身子非常灵活，可是貂的身子更灵活。

松鼠跑到了树顶，没法再往上跑了，附近也没有别的树。

貂就快要追上它了。

松鼠从一根树枝跳上了另一根树枝，然后向下一蹦。貂紧追着不放。

松鼠在树枝的梢头上跳，貂在粗一些的树干上追。松鼠跳呀跳，跳呀跳，到了最后一根树枝上了。

下面是地，上面是貂。

已经没有考虑的余地了：它一跳跳到地上，就往另一棵树上跑。

唉，在地上，松鼠可斗不过貂。貂这个时候三步两跳就将松鼠追上了，把松鼠扑倒了。于是松鼠就完蛋了。

兔子的诡计

在半夜的时候，一只灰兔偷偷钻进了果木园。小苹果树的皮真甜，快到早晨时，它已经啃坏了两棵小苹果树。雪落在了灰兔头上，它也不理会，只是一个劲儿地嚼着啃着，啃着嚼着。

树林里面的公鸡已经叫了三遍，狗也汪汪地叫起来了。

这个时候，兔子才清醒过来，想到应该趁人们还没起床，跑回森林里

去。周围一片雪白，它那棕红色的毛皮，隔得老远就可以看见。它真羡慕白兔，现在白兔浑身是雪白雪白的呀！

这夜下的初雪是暖和的，能够印得上脚印。灰兔跑着，一路在雪上留下脚印。长长的后腿留下的是脚跟伸直的脚印，短短的前腿留下的是小圆圈。在这层温暖的初雪上面，每一个脚印、每一个爪痕，都能够看得清清楚楚。

灰兔跑过田野，穿过森林，在它自己的身后留下了一连串脚印。灰兔刚刚饱餐了一顿，现在要是能在灌木丛中打个盹儿该多好。但糟糕的是：不管它藏到哪里，脚印都还是会把它暴露出来。

于是灰兔只好使计策了：把自己的脚印给弄得乱七八糟。

这个时候，村里的人已经醒了。园主人走到果木园里一看——嗬！我的老天爷！两棵顶好的小苹果树都已经被啃掉了皮！他往雪地上一瞧，就恍然大悟了：原来小树下有兔子的脚印。他举起拳头吓唬着说："你等着瞧吧！你可得用你的皮来偿还我的损失。"

他回到屋里面，往枪里装上弹药，带了枪踏着雪走出去了。

瞧，灰兔就是在这里跳过篱笆的，跳过篱笆后就往田野里跑去了。一进森林，脚印就围着灌木转了。你这诡计可骗不过我！我搞得清楚的！

喏，这是头一个圈套——灰兔绕灌木跑了一圈，然后横穿过自己的脚印。

喏，这是第二个圈套。

园主人跟着脚印追踪，把两个圈套都给绕开了。枪端好在手里面，随时准备好放枪。

他站住了。这是怎么回事呀？脚印中断了——周围全是平坦的雪地，就是兔子蹿了过去，也是应该看得出的呀！

园主人弯下他的身去仔细看脚印。哈哈！原来这是一个新的诡计：兔子顺着自己的脚印回去了。它每一步都准确地踏在它自己原来的脚印上。粗瞧乍看，可不容易分辨出那"双重的"脚印。

园主人便顺着脚印往回走。他走着，走着，又走回到田野里来了。这么说，他是看错了。这么说，还是有一个诡计他没有看破。

他转过身，又顺着"双重的"脚印子走去。哈哈，原来如此！原来"双重的"脚印很快就中断了，再往前，脚印又变成了单层的了。嗯，这么看来，兔子就是在这里跳到一边去的。

真是如此：兔子顺着脚印的方向，一直蹿过了灌木，然后向一旁跳了过去。现在脚印又变得均匀了。突然又中断了。又是一行新的"双重脚印"越过灌木丛。再往前，就是跳着走了。

现在可得非常细心地看：又往旁边跳了一次。这次，兔子准是在一个灌木丛下躺下了。你想骗人可是骗不过的呀！

真的，兔子就躺在附近。不过，不是猎人所想象的那样躺在灌木下，而是躺在一大堆枯枝下。

灰兔在睡梦中听见沙沙的脚步声。声音越来越近了，越来越近了。

它抬头一看，有两只穿毡靴的脚在走路。黑色的枪杆碰着了地。

灰兔悄悄地从它隐蔽的地方钻了出来，一支箭似的蹿到枯枝堆后面去了。只见短短的小白尾巴，在灌木丛里一闪，兔子就没有影儿啦！

园主人只好两手空空地回家去了。

不速之客——隐身鸟

我们这里的森林里，又来了一个新的夜强盗。想要看见它，可不是件容易的事，因为夜里的时候太黑，看不见，白天又不能把它和雪区别开来。它是北极地带的居民，因此身上的服装，是和北方常年不化的白雪一个颜色。我说的是北极的雪鸮。

雪鸮的个儿，和猫头鹰差不多，只是力气比它稍差一些。它吃大大小小的飞鸟、老鼠、松鼠和兔子。

在它的故乡苔原，天冷得要命，小野兽差不多全躲到洞里面去了，鸟儿也全都飞走了。

饥饿把雪鸮逼得出外来旅行，到我们这里做客来了。它打算过了春天再回家。

啄木鸟的打铁场

在我们的菜园后面，有许多的老白杨树和老白桦树，还有一棵很老很老的云杉。云杉上挂着几个球果。有一只五彩的啄木鸟，飞来吃这些球果。啄木鸟落在了树枝上，用它的长嘴啄下一个球果，顺着树干向上跳去。它把球果塞在一条树缝里，开始用嘴啄它。它把球果里面的子儿吸出来以后，就把球果往下一丢，又去采另一个球果。它把第二个球果还是塞在那条树缝里面；采了第三个球果，还是塞在那个树缝里面，像这样一直忙到天黑。

森林通讯员／勒·库波列尔

去问问熊

阅读理解

作者在此又给读者留下了悬念，引起读者的好奇，继续阅读寻找答案。

为了能够躲避寒风，熊喜欢把它自己的冬季住宅——熊穴——安置在低地方，甚至安置在沼泽地上，安置在茂密的小云杉林里面。不过，有一件奇怪的事情，那就是：如果这年冬天天气不冷，常有融雪天，那所有的熊就一定会冬眠在高地方——小丘上，小山冈上。这件事，是经过许多代猎人查对过的。

道理很明白：熊害怕融雪天。也的确是不能不怕，如果冬天有一股融雪水流到它的肚皮底下去，然后天气又忽然一冷，雪水冻了冰，会把熊那毛蓬蓬的皮外套冻为铁板，那个时候可怎么办

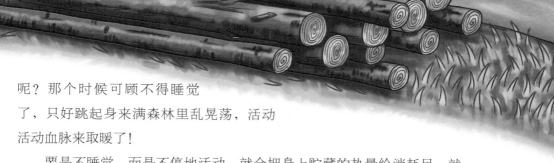

呢？那个时候可顾不得睡觉
了，只好跳起身来满森林里乱晃荡，活动
活动血脉来取暖了！

　　要是不睡觉，而是不停地活动，就会把身上贮藏的热量给消耗尽，就
不得不吃东西来增加气力。但是冬天的时候，熊在森林里是找不到吃的东
西的。因此，如果它预见到这年冬天暖和，它就会给自己挑个高一些的地
方做窝，免得在融雪天里，被融雪水浸湿。这个道理我们是容易明白的。

　　可是，它究竟是依靠什么样的天气预兆，知道这年的冬天是暖和还是
冷呢？为什么早在秋天的时候，它就已经能够十分正确地为自己在沼泽地
上，或是丘冈上，选择一个好的地方做窝呢？这我们还不知道。

　　请你钻到熊洞里去问问熊吧！

按照严格的计划

　　古代的时候，俄罗斯有个谚语说："森林是恶魔，在森林里干活儿，
离阴曹地府也不远了。"

　　古代的时候，伐木工人（樵夫）的劳动是非常可怕的。手执斧头的
人们，敌视绿色的朋友，就像对待险恶的敌
人似的。要知道，不久以前，我们才有了锯

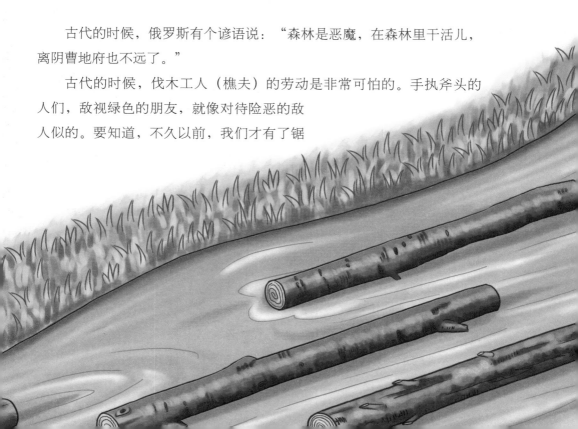

子——到18世纪才有。

　　一个人只有拥有无穷无尽的体力，才能够一天到晚地用斧头砍树。要有钢铁般的强壮体魄，才能在天寒地冻、风雪咆哮时，白天只穿一件衬衫干活儿，夜里在没有烟囱的小屋子里面，或者就在一间小草棚里面，盖着外套睡觉。

　　春天的时候，活儿更不好干了。

　　一冬伐倒的树木，都必须得运到河边去，等到河水化冻后，把那些沉重的圆木推在水里，请河妈妈把木材运走。大家是知道河水往哪个方向流的。

　　河水把木材运到哪里，哪里就应该感激它——在河的两岸上建设起来了一座座城市。

　　在现代怎么样呢？

　　"伐木工人"这几个字的意义已经改变了。我们在放倒大树和削去树枝时，已不再需要用斧头了。这些工作都由机器来代替我们做。连森林里的道路，都由机器来开辟、铺平，然后就顺着这条路把木材运走。

　　在森林里，履带拖拉机的力量就有那么大！

　　这个沉重的钢铁怪物，听从创造它的人的指挥，闯入无法通行的密林，就像刈草一样，放倒了百年的大树。它轻而易举地就能把老树连根拔出，放在两旁，然后推开躺在地上的树，铲平地面，修好道路。

　　载在汽车上的流动发电站，在这条道路上跑过去。工人们把电锯拿在手里面，走到树木前。包橡皮的电线就像蛇一样在他们身后蜿蜒着。电锯尖利的钢齿，毫不费力地锯入坚固的木头，就像刀子切黄油一样。只不过半分钟的工夫，电锯就把直径有半米的粗树干给啃透了。这棵巨树已经有100岁了吧！

　　把方圆100米以内的树木都锯倒之后，汽车又把发电站载到前面去。一辆强大的运树机开来，占据它原来的地方。运树机一下子抓起了几十棵没有削去树枝的大树，拖到木材运输路上去了。

　　巨大的运树牵引机，沿着这条路，轻而易举地就把木材拖向窄轨铁路。在窄轨铁路上，有一个人——一个司机——开着长长的一大串敞车，敞车上载着几千立方米的木材，开向铁路车站或河码头的木材场。在木材场，人们把木材加工、整理成圆木、木板和纸浆木料。

在现代，借着机器的帮助采伐的木材，被运送到最遥远的草原上的村庄、城市和工厂里面去，运到一切需要木材的地方去。

人人都知道，在这样强大的技术条件下，只可以按照非常严格的全国性计划来采办木材，不然，我国最富有的森林区，也会一下子变成一片荒漠。靠现代技术来消灭森林，是再容易不过的了。但是森林的成长还是跟以前一样慢——要过几十年后，才成林呢！

我国在砍去森林的地方，立刻造上新林——栽上名贵的树木。

 名家点拨

作者在本文中向我们介绍了11月的时候森林里的情况，使我们对这个时候的森林生活有了一定的了解。通过作者的介绍，我们了解到了动物有时候也和人一样是很聪明的，它们为了保护自己也会有很多你觉得不可思议的保护自己的办法。

集体农庄新闻

名家导读

11月的时候，冬天就要来了，在集体农庄里又有哪些新闻呢？农民们现在还忙碌吗？那他们现在的生活又是怎样的呢？

集体农庄的庄员们，今年干的活儿真的是非常出色。我省的许多集体农庄，1公顷收1500千克粮食，已经成了常事。1公顷收2000千克粮食，也不算稀奇了。有些优秀的工作队的成绩是那样突出，那种收成使先进工作者们有权利得到光荣的劳动英雄的称号。

政府非常重视光荣的田间劳动者们的忘我劳动，所以就用劳动英雄的光荣称号，用勋章和奖章来标志庄员们的成就。

现在冬天来了。

集体农庄田里的工作都已经结束了。

妇女们在牛栏里工作，男人们运饲料给牲畜吃。有猎狗的人出去打灰鼠，还有许多人去采伐木材。

灰山鹑群越来越走近农舍了。

孩子们上学去。白天的时候，他们布置捕鸟的网子，在小山上滑雪，或者滑小雪橇；晚上就做作业、读书。

吊在细丝上的房子

有一种小房子，吊在一根细丝上，风一吹，就摇摇晃晃。这房子的墙，最多只有一张纸那么厚，连个防寒设备也没有。在这种小房子里面可以过冬吗？

你想不到吧——在这种小房子里面是可以过冬的！我们看见过不少这种设备简陋的小房子，它们被一根根蜘蛛丝一样细的丝，吊在苹果树枝上。这种小房子是用枯叶做的。集体农庄的庄员们把它们取下来，烧掉。原来小房子里的住户，是些坏分子——害虫，苹果粉蝶的幼虫。要是把它们留下来过冬，到了春天，它们就会啃坏苹果树的芽和花。

凡事有一利就有一弊，森林也是这样！

在昨天夜里，光明之路集体农庄差一点儿失窃。将近午夜时，一只大兔子钻进了果园。它想把小苹果树的皮啃掉，可是发现那些苹果树干，跟云杉树干一样戳嘴。这只兔子试了好几次，都失败了。它只好离开光明之路集体农庄的果园，跑到附近的森林里面去了。

集体农庄庄员们预见到会有林中小偷来侵犯他们的果园，因此砍了许多云杉树枝，把苹果树干包了起来。

咱们的心眼比它们多

一场大雪过后，我们发现，老鼠在雪底下掘了一条地道，直通到我们苗圃的小树前。可是，我们的心眼比它们还要多：我们把每棵小树周围的雪，都踩得结结实实。这样，老鼠就没法钻到小树跟前来了。有些老鼠钻到雪外面来了，那它一下子就冻死了。

害人的兔子也常常到我们的果园里来。我们也想出了对付它们的办法：我们把所有的小树都用稻草和云杉枝包扎了起来。

吉玛·布罗多夫

棕黑色的狐狸

在郊区的红旗集体农庄里面，建立起了一个养兽场。昨天，运来了一批棕黑色的狐狸。一大群人跑来欢迎这批集体农庄的新居民。刚会跑的学龄前儿童，也全来了。

狐狸用它那怀疑的胆怯的眼光，打量着欢迎它们的人。一只狐狸忽然安安静静地打了个哈欠。

"妈妈！"一个在白头巾上戴了一顶无边帽的小娃娃叫道，"可别把这只狐狸围在脚上——它会咬人啊！"

阅读理解
通过对这一生活细节的描写，充分展现了人们对这批棕黑色的狐狸的好奇。

在温室里

在劳动者集体农庄里，大家正在挑选小葱和小芹菜根。

工作队长的孙女问道：

"爷爷，这是在给牲口预备饲料吗？"

工作队长笑起来了，他回答：

"不是的，孙女儿，你猜得不对噢。我们现在要把这些小葱和芹菜栽在温室里。"

"栽在温室里干吗？让它们长大吗？"

"不是的，孙女儿。我们想让它们经常供给我们葱和芹菜吃。冬天我们吃马铃薯时，往马铃薯上撒葱花；我们还用芹菜做汤吃。"

用不着盖厚被

上个星期天，一个外号叫米克的九年级学生，到曙光集体农庄去玩。他在树莓旁碰见了工作队长费多谢奇。

"老爷爷，您的树莓不怕冻坏吗？"米克用一种假充内行的口气问。

"冻不坏的。"费多谢奇回答，"它能够在雪底下平平安安地过冬。"

"在雪底下过冬？老爷爷，您的脑子还清楚吗？"米克接着说，"这些树莓比我还高呀！难道说，您指望会下这么深的雪吗？"

"我指望的是普通的雪。"老爷爷回答，"聪明人，现在请你告诉我，你冬天盖的被，难道说比你站着的时候还要厚吗？还是比你的身长薄？"

"这跟我的身长有关系吗？"米克笑起来了，"我是躺着盖

阅读理解
通过对米克的语言描写，展现了他的天真、可爱的形象。

被的。老爷爷，你明白吗？我是躺着盖被的！"

"我的树莓盖雪被，也是躺着盖的。不过，聪明人，你是自己躺到床上；而树莓是由我——老爷爷——来把它们弯到地上。我把一棵棵树莓弯在一起，绑起来，它们就躺在地上了。"

"老爷爷，原来您比我想象中的您，要聪明得多呀。"米克说。

"可惜，你没有我想象中的你聪明呀。"费多谢奇回答。

尼·巴甫洛娃

助　手

现在天天都可以在集体农庄的谷仓里，碰到孩子们。他们有的帮助挑选准备春播的种子，有的在菜窖里干活儿，精选最好的马铃薯留种。

男孩子们也在马厩和铁工厂里面帮忙。

许多孩子经常在牛栏、猪圈、养兔场和家禽棚里，担任着后援工作。

我们在学校里面读书，同时也在家里帮助农场工作。

大队委员会主席／尼古拉·李华

 名家点拨

　　这一章，作者向我们介绍了在11月的时候集体农庄里面发生的几件事情。通过作者的介绍，我们知道了11月已经是农场闲暇的时候了，因为冬天就要到了，农场已经完成了收获。

城市新闻

名家导读 ✳ ❀

11月的时候，冬天就要来了，让我们来看看城里怎样了吧，还有鸟在这里吗？果园里的情况又怎样了呢？

华西里岛区的乌鸦和寒鸦

涅瓦河已经冻冰了。现在每天下午4点钟的时候，在斯密特中尉桥（第八条街对面）下游的冰上，聚集着华西里岛区的乌鸦和寒鸦。

鸟儿在乱吵乱叫一阵后，就分作了好几群，回到华西里岛上的花园里面去过夜。每一群鸟都住在它们所喜爱的花园里面。

侦察员

本市果园和坟场的灌木和乔木，非常需要人保护。但是它们的敌人，人类却是对付不了的。那些敌人又狡猾，又小，不容易看见。园丁们盯不住它们，得找一批专门的侦察员来帮忙才可以。

在本市的果园和坟场上，就可以看见这些侦察员的队伍。

它们的首领，就是"帽子"上有红帽圈的五彩啄木鸟。啄木鸟的嘴就像一根长枪，它用嘴啄到树皮里面去。它断断续续地大声发口令："快克！快克！"

跟着它飞来的是各种山雀。有戴尖顶高帽的凤头山雀，也有好像厚帽子上插了根短钉的胖山雀，还有浅黑色的莫斯科山雀。在它们的队伍里面，还有旋木雀。旋木雀穿着浅褐色的外套，嘴像锥子似的。还有䴓，它穿着天蓝色制服，胸脯是白的，嘴尖利得跟短剑一样。

啄木鸟发口令说："快克！"跟着重复一遍命令："特误急！"山雀们回答："脆克！脆克！脆克！"于是整个队伍就干起活儿来了。

侦察员们很快地就已经占据了树干和树枝。啄木鸟啄着树皮，用它那又尖又硬的针似的舌头，从树皮里钩出蛀皮虫。䴓头朝下，围着树干转来转去，看见哪个树皮隙缝里有昆虫或幼虫，就把它那柄锋利的"小短剑"刺进去。旋木雀在下面的树干上奔跑，用它那弯弯的小锥子戳着树干。青山雀成群结队地在树枝上兴高采烈地兜圈子。它们向每一个小洞和每一条小缝隙里张望，没有一只小害虫能逃过它们尖锐的眼睛和灵巧的小嘴。

小屋——陷阱饭厅

我们那些美妙的小朋友——鸣禽——挨饿受冻的日子到来了。请大家关心一下它们吧！

要是你家有花园或者小院，你就很容易招来一些鸟儿，在它们闹饥荒的时候喂喂它们。天冷和有风暴时，给它们安置防寒设备，供给它们做窠用的地方。如果你能引一两只这种可爱的鸟儿，住到你为它们准备好的房间里面去，那么你就有机会当场捉住它了。你只需造一所小房子就可以了。

请小客人们在小房子露台上的免费食堂吃大麻籽、大麦、小米、面包屑、碎肉、生猪油、奶酪、葵花籽吧！即使你住在大都市里面，也会有最有趣的小客人，到你的小房子里面去吃东西和住下来的。

你可以拿一根细铁丝，或者细绳子，一头拴在小房露台上的能开闭的小门上，一头经过小窗户，通到你的房间里来。需要时，你只要一拉铁丝或绳子，就把那扇小门砰地给关上了。

还有一个更有趣的办法：把捕鸟房给通上电。

不过，夏天你可千万别捕鸟——捉走了大鸟，雏鸟会饿死的。

 名家点拨

通过作者的介绍，我们了解到，在这秋季即将结束，冬天就要来临的时候，大部分的鸟儿都迁徙走了，留下来的这些鸟儿也并不像夏天的时候那么机灵了，很容易就会被人们给捉住。

狩猎

名家导读

冬天就要来了，按理说动物们都该冬眠了，这个时候还适合打猎吗？猎人们这个时候外出打猎又会是怎样的情形呢？这个时候最适合打什么动物呢？

秋天，打小毛皮兽的季节到了。快到11月时，这些小毛皮兽的毛已经长齐——脱掉了薄薄的夏服，换上了蓬蓬松松的、暖和的冬大衣。

猎灰鼠

一只灰鼠才有多大？

但是，在我们苏联的狩猎事业中，灰鼠要比任何野兽都重要。光说灰鼠尾巴，全国每年就要消耗几千捆。华丽的灰鼠尾巴，可以做帽子、衣领、耳套和其他防寒用品。

去掉了尾巴的毛皮，还有别的用途。人们用灰鼠皮做大衣和披肩，做美丽的淡蓝色女大衣，既轻便又暖和。

初雪一落，猎人们就出去猎灰鼠了，连老头儿和12—14岁的少年，也到灰鼠多而且容易打到的地方去打灰鼠去了。

猎人们结成群，或者独自一人，在森林里面一住就是几个星期。他们套上又短又宽的滑雪板，从早到晚地在雪地上走来走去，用枪打灰鼠，安

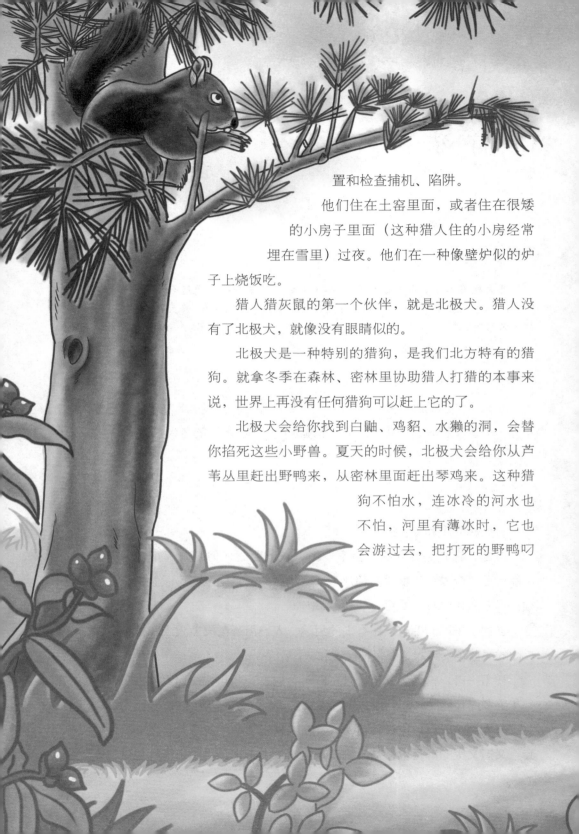

置和检查捕机、陷阱。

他们住在土窑里面，或者住在很矮的小房子里面（这种猎人住的小房经常埋在雪里）过夜。他们在一种像壁炉似的炉子上烧饭吃。

猎人猎灰鼠的第一个伙伴，就是北极犬。猎人没有了北极犬，就像没有眼睛似的。

北极犬是一种特别的猎狗，是我们北方特有的猎狗。就拿冬季在森林、密林里协助猎人打猎的本事来说，世界上再没有任何猎狗可以赶上它的了。

北极犬会给你找到白鼬、鸡貂、水獭的洞，会替你掐死这些小野兽。夏天的时候，北极犬会给你从芦苇丛里赶出野鸭来，从密林里面赶出琴鸡来。这种猎狗不怕水，连冰冷的河水也不怕，河里有薄冰时，它也会游过去，把打死的野鸭叼

回来。秋天和冬天的时候，北极
犬帮助主人打松鸡和黑
琴鸡。在那个时
期，这两种野禽不
能靠普通猎狗的伫立凝视来猎取。可是北极犬会蹲在树的下面，
对它们汪汪地叫，这样一叫，就使得它们把注意力都集中在了北
极犬身上了。

在还没下雪的初寒时期，或者在大雪纷飞时，你带了北极犬
打猎，它还可以帮助你找到麋鹿和熊。

要是有可怕的野兽侵犯了你，你忠实的朋友北极犬，绝不会
出卖你的。它会从野兽的身后咬住它们，让主人有时间来重新装
上弹药，打死野兽；要么，它就牺牲自己性命。不过，最令
人惊奇的是，北极犬能帮助猎人找到灰鼠、貂、黑貂、
猞猁等住在树上的野兽。任何其他种的猎狗，都不
会找到树上的灰鼠。

冬天的时候，或者深秋的时候，你
在云杉林、松树林或者混合林里面走
着，到处是静悄悄的。随便什么地
方，都没有东西在那里晃动，也没有什么
东西掠过或者叫出啾啾的声音，好像周围是

一片荒漠，一只野兽也没有似的，真是死一般的静寂。

可是，要是你带一只北极犬到森林里去，你就不会感到寂寞了。北极犬会在树根下找到白鼬，会从洞里撵出白兔来，会顺便一口咬住一只林䶄鼠，还会发现那些"隐身"的灰鼠——无论它们怎样躲在浓密的松枝间不露面，它也会把它们找出来。

可是，猎狗既不会飞，也不会上树，如果空中的野兽不到地上来，那么北极犬是怎么找到灰鼠的呢？

阅读理解
此句在文中起到了承上启下的作用。

猎野禽的波形长毛猎狗和追踪兽迹的罗素狻，需要有非常好的嗅觉。鼻子是这两种猎狗的基本"工具"。这些猎狗，即使眼睛不好使，耳朵是全聋的，也照样可以干活儿。

可是北极犬却同时需要有三样"工具"——灵敏的嗅觉、锐利的眼睛和机灵的耳朵。北极犬的这三样"工具"，是同时使用的。甚至可以说，这不是北极犬的工具，而是它的三个仆人。

灰鼠在树上，刚刚用爪子抓了一下树干，北极犬那竖起的、时刻警惕着的耳朵，就已经在悄悄地告诉主人："这儿有小兽！"灰鼠的小脚爪刚刚在针叶间一闪，北极犬的眼睛就告诉主人："灰鼠在这儿！"一阵小风，把灰鼠的气味吹到下面来时，北极犬的鼻子就报告主人："灰鼠在那里！"

北极犬靠它这三个仆人，发现树上的小兽后，就叫它的第四个仆人——声音——给主人（猎人）忠诚效劳了。

一只好的北极犬，发现了飞禽走兽后，绝不会往那棵树上扑，也不会用爪子去抓树干，因为如果它这样做，可能会把隐藏在树上的小兽给吓跑。在这种情况下，好北极犬会坐在树的下面，目不转睛地盯着灰鼠藏身的地方看，竖着耳朵，隔一会儿叫几声。要不是主人来了，或者把它叫走，它是不会离开的。

打灰鼠的方法非常简单：北极犬找到灰鼠之后，灰鼠的注意力就整个被北极犬给吸引住了。猎人只要悄悄地走过来，不要做出任何急剧的动作，好好地瞄准开枪就可以了。

用霰弹打灰鼠，并不容易打中。可是猎人能用小铅弹打中这小兽，而且尽力打中它的脑袋，免得损害灰鼠皮。冬天的时候，灰鼠受了伤不大容易死，因此，一定要瞄得准、打得中才好。要不然，它往浓密的针叶丛里面一躲，就再也找不到它了。

猎人们还用捕鼠机和其他捕兽器捉灰鼠。

装置捕鼠机的方法是这样的：拿两块短的厚木板，装在两棵树干的中间。下面的板上竖一根细棒，支着上面的板，不叫它落下来，细棒上拴着香喷喷的诱饵（干蘑菇或者干鱼）。灰鼠一拉诱饵，上面的木板就落下来，把小兽夹住。只要雪不是很深，整个冬天猎人都打灰鼠。到春天的时候，灰鼠就要脱毛了。在深秋以前，在它们重新披上冬季华丽的淡蓝色毛皮以前，猎人是绝不去打它们的。

带斧头打猎

猎人们打凶猛的小毛皮兽，用枪的机会，没有用斧头的机会多。

北极犬靠嗅觉找到洞里面的鸡貂、白鼬、伶鼬、水貂或者水獭。至于把小兽从洞里撵出来，那就是猎人的事情了。这件事做起来可不容易。

这些凶猛的小兽，在地底下、乱石堆里和树根下，为自己筑洞。当它们感到危险时，不到最后关头，是不肯离开自己的隐蔽所的。猎人不得不用探针或者铁棍，伸进洞里去搅半天，或者用手搬开石头，用斧头劈开粗大的树根，敲碎冻结的泥土，或者用烟把小兽从洞里熏出来。不过，只要它一跳出来，就没有地方逃了：北极犬是绝不会放过它，会把它活活咬死的。要不，猎人也会开枪把它打死。

猎 貂

猎取森林里的貂会困难一些。找出它捕食鸟兽的地方，并不太难，这里的雪会经常被踏个稀烂，而且有血迹。可是，要想找到它在饭后藏身的

地方，就需要有十分锐利的眼睛。

貂在空中跑，从这根树枝跳上那根树枝，从这棵树跳上那棵树，跟灰鼠一样。不过，它一路跳下去，在身后还是留下了痕迹：折断了的小树枝、绒毛、球果、脚爪抓下来的小块树皮等，哩哩啦啦地从树上落在雪地上。一个有经验的猎人，就是根据这些痕迹来断定貂的空中道路的。这条道路有的时候是很长的——有好几公里长，得非常注意，才能毫无差错地跟踪它，根据"线索"来把它找到。

塞索伊奇头一次找到貂的痕迹的时候，没有带猎狗，因此他亲自去追那只貂。他穿着滑雪板走了很久。一会儿满有把握地往前跑一二十米，因为在那儿，貂曾经降落到雪地上，留下了脚印；一会儿慢慢地往前走，全神贯注地察看这位空中旅行家一路留下的、不易看出的标志。那天，他老是唉声叹气，懊悔没有把他的忠实朋友北极犬带出来。

黑夜来临的时候，塞索伊奇仍在森林里。

这个小胡子生起一堆篝火，从怀里面掏出一块面包来吃，好歹熬过了这漫长的冬夜再说。

早晨的时候，貂的痕迹把塞索伊奇领到一棵很粗的枯云杉树前。真走运！塞索伊奇发现这棵树的树干上，有个树洞。貂一定是在这洞里过的夜，而且可能还没出来。塞索伊奇扳好枪机，右手拿着枪，左手举起一根树枝，往树干上敲了一下，然后扔掉树枝，两手端枪，准备貂一蹿出来，立刻开枪。貂却并没有跳出来。塞索伊奇又举起了树枝，照着树干重重地敲了一下，接着更重地敲了一下。

貂还是没有出来。

"唉，它睡熟了！"塞索伊奇懊恼地暗自想道，"醒来吧！瞌睡虫！"他说着，又举起树枝，拼命一敲，震得满树林都是闹哄哄的声音。

原来貂没有在树洞里面。

这个时候，塞索伊奇才想起仔细瞧瞧这棵云杉的周围。

这棵树是空心的，在树干的另外一面，在一根枯树枝下面，还有一个出口。树枝上的雪是碰掉了的，貂从云杉的这一头溜出了树洞，逃到旁边的树上去了。粗树干挡住了猎人的眼睛，因此猎人没看见。

塞索伊奇没有办法，只好再往前跑，去追貂。

猎人又在那些难以看出的痕迹之间，彷徨了一整天。

后来，塞索伊奇终于找到一个痕迹，清清楚楚地证明，貂离追它的人没有多远。这个时候，天已经黑下来了。猎人找到一个松鼠洞，貂在那里面赶走了松鼠。一望而知，这强盗在它的牺牲品后面追了很久，最后还是在地上追到它的。那只精疲力竭的松鼠，大概没有估计到自己的跳跃不行，从树上失足落了下来，于是貂就一连蹿了几下，追上了它。也就是在这里，在这块雪地上，貂把松鼠吃掉了。

是的，塞索伊奇跟踪的道路并没有走错。不过，他不能再追下去了，因为从昨天起，他就一点儿东西也没吃。他身上连一点儿面包屑也没有了，天又冷了起来。在森林里面过夜，一定得冻死。

塞索伊奇非常懊丧地痛骂着，只好顺着自己的足迹又往回走。

"只要追上这只小兽，"他在心里想着，"只要放它一枪，问题就解决了。"

塞索伊奇再一次走过那个松鼠洞时，气呼呼地拿下肩上的枪，也不瞄准，就朝松鼠洞开了一枪。他不过是想借此发泄一下自己心头的怒火罢了。

从树上掉下一些树枝和苔藓，在那些东西落下来之前，使塞索伊奇大吃一惊的是，竟有一只细长多毛的貂，掉在他的脚旁。这只貂在临死以前，还在抽搐呢！后来塞索伊奇才知道，这种事情是常有的：貂捉住松鼠，吃到肚里后，就钻进被它吃掉的松鼠的暖和窝里去，在那儿蜷作一团，安安稳稳地睡起大觉来。

白天和黑夜

12月中旬的时候，松软的白雪已经积到齐膝盖深了。

夕阳西落时分，黑琴鸡在光秃秃的白桦树上待着不动，给玫瑰色的天空点缀了一些黑影。后来，它们突然一只跟一只地向下面雪地里扑去，

不见了。夜来了，这是一个没有月亮的夜，漆黑漆黑的。塞索伊奇走到黑琴鸡失踪的林中空地上来了。他手里拿着捕鸟网和火炬。浸过树脂的亚麻秆，鲜明地燃烧着、照耀着，黑黑的夜幕，被推到一边去了。

塞索伊奇一面仔细倾听，一面向前走。

忽然，在前面，离他只有两步路远的地方，从雪底下钻出一只黑琴鸡。明亮的火焰晃得它睁不开眼睛，它像只巨大的黑甲虫似的，毫无办法地在原地瞎打转。猎人手疾眼快地把它用网罩住了。

塞索伊奇用这个法子，在夜里活捉了许多黑琴鸡。

可是在白天的时候，他却乘雪橇开枪打它们。

这真是件很奇怪的事：蹲在树顶上的黑琴鸡，绝不让一个步行的人走过来开枪打它们。可是，如果同一个猎人，乘雪橇疾驰过来（哪怕是载着集体农庄的大批货物），那些黑琴鸡可就别想从他的手里逃命了！

 名家点拨

作者在这里给我们介绍了猎人在临近冬季的时候打猎的情况。通过作者的介绍，我们从中了解到了这个时候是打小毛皮兽的最佳时期。而北极犬在打猎的过程中所起的作用则是任何一个猎人都不能忽视的，它是猎人不可缺少的打猎帮手。

打靶场

射箭要射中靶子！
答案要对准题目！

第9次竞赛

1. 虾在哪儿过冬?

2. 冬天，鸟儿最害怕的是寒冷，还是饥饿?

3. 如果兔子的毛皮颜色变白变得晚，这年的冬天来得早，还是来得晚?

4. "啄木鸟的打铁场"是什么?

5. 在我们这儿，什么样的夜强盗，只在冬天才出现?

6. "兔子的旁跳"是怎么回事?

7. 秋冬两季，乌鸦在什么地方睡觉?

8. 最后一批鸥和野鸭，什么时候离开我们?

9. 秋冬两季，啄木鸟和哪些鸟儿结成一伙?

10. 跟踪兽迹的猎人所说的"拖迹"是什么意思?

11. 跟踪兽迹的猎人所说的"双重迹"是什么意思?

12. 跟踪兽迹的猎人所说的"雪上兔迹"是什么意思?

13. 什么野兽在冬天除了尾巴尖以外，浑身都变成白色的?

14. 这儿画着一种食草兽的头骨、一种食肉兽的头骨。怎样根据牙齿来区别哪一种头骨是哪一种兽的?

15. 无手无脚到处奔，到处敲打窗和门，敲敲打打要进屋，不管欢迎不欢迎。（谜语）

16. 一样东西地上躺，两盏灯儿放亮光，四样东西分开放。（谜语）

17. 一样东西有咸味，水里出生最怕水。（谜语）

18. 比煤灰还黑，比白雪还白，有时比房子还高，有时比青草还低。（谜语）

19. 有个大汉真不错，背着靴子路上过，肩上的靴子越背不动，他的心里越快活。（谜语）

20. 一个高个子，院子当中站；前面有把叉，后面拖扫帚。（谜语）

21. 整天地上走，两眼不望天，什么也不痛，可是老是哼。（谜语）

22. 一所小绿房，没有门来没有窗，房里的小人儿，住得满堂堂。（谜语）

23. 长呀长大了，从叶丛里钻出来了，放在手掌上滚来滚去，放在嘴里咔吧咔吧咬。（谜语）

公告

第8次测验

这是什么？

1．这是什么动物的脚印？

2．每年初雪一落，猎人们就都出去打猎这种动物了。它是什么动物？为什么说它在苏联的狩猎事业中比任何野兽都重要？

快来帮助挨饿的鸟儿

请你记住：我们的小小朋友（鸟类）快要有困难了。这是它们挨饿受冻的时期。请你别等到春天，现在就给它们建筑一些暖和的小房子——树洞、人造椋鸟房或者小板棚。这样，可以帮助它们躲避致命的坏天气。许多小鸟为了躲避北风和寒雪，都来依靠人，晚上钻到屋檐下、门洞里过夜。有一只小鹪鹩，甚至钻进钉在村里木柱上的一只邮箱里去过夜。请你在椋鸟房和树洞里，铺上绒毛、羽毛、破布等，这样，鸟儿们就有温暖的羽毛褥子和被子了。

打靶场答案

核对你的答案是不是打中了目标

◇◇◇◇◇◇◇◇◇◇◇◇◇◇◇◇◇◇◇◇◇◇◇◇◇◇◇◇◇◇◇◇◇◇◇◇◇◇

第7次竞赛

1. 从9月21日（秋分日）算起。

2. 雌兔，所以最后生的一批小兔叫做"落叶兔"。

3. 山梨树、白杨树、槭树。

4. 不是所有的候鸟都向南飞走。例如离开我们，经过乌拉尔山脉，到东方去的候鸟，有小鸣禽靴篱莺、沙雀和鳍足鹬。

5. "犁角兽"的名称是因为老麋鹿的角很像木犁。

6. 防备兔子和牝鹿。

7. 黑琴鸡（雄的）。这几句话是根据它们咕噜的叫声而模拟的话。黑琴鸡在春、秋两季是这么叫的。

8. 生活在地上的鸟，脚需要适应走路，所以脚趾张得很大。这种鸟走路是双脚轮换的，因此脚印形成一条线。至于生活在树上的鸟，脚需要适应抓树枝，所以脚趾挤得很紧。这种鸟在地上不是走路，而是双脚一起跳的，因此脚印也就印成两行。

9. 在鸟儿飞走的时候开枪，好得多，因为枪弹一射上去，就可以打到它的羽毛里去。在鸟儿飞过来的时候射击（打头部），枪弹可能在很紧的羽毛上滑掉，这样就打不伤它了。

10．这表示在森林里的这个地方有动物尸体，或者受了伤的动物。

11．因为在这个地方，鸟妈妈明年将孵出整巢的雏鸟。如果打死了鸟妈妈，野禽就要搬走了。

12．蝙蝠。它的长脚趾上有蹼膜。

13．它们大多数在第一次寒流袭来的时候就死掉了，还有一小部分钻到树木和水栅栏或木屋的缝隙里，或者钻到树皮里，在那儿过冬。

14．脸朝西方太阳落的方向，在晚霞中，可以更清楚地看见飞过的野鸭。

15．当猎人没打中它的时候。

16．秋播谷物：今年播种，明年收割。

17．金腰燕。

18．树叶。

19．雨。

20．狼。

21．麻雀。

22．白蘑菇。

23．夏天——桑悬钩子；秋天——榛子。

24．稻草人。

第8次竞赛

1．上山快。兔子的前腿短，后腿长，所以上山跑得轻快些。要是从很陡的山上往下跑，那就要翻跟斗打滚儿了。

2．夏天，树上的鸟窠被树叶遮住了，等树叶落光的时候，就可以很清楚地看见树上的鸟窠了。

3．松鼠。它把蘑菇拖到树上，穿在短枝丫上。冬天缺乏食物的时候，它就去找这些蘑菇吃。

4．水老鼠。

5．这种鸟很少。猫头鹰把死鼠藏到树洞里；松鸦把橡实、硬壳果等藏到树洞里。

6．蚂蚁把蚁窠所有的洞口都堵上，然后挤在一起过冬。

7．空气。

8．黄色或者褐色，仿照发黄的植物——乔木、灌木、草的颜色。

9．秋天。因为秋天它特别发胖，有厚厚的一层脂肪，羽毛也长密了，这脂肪和羽毛保护它防御霰弹。

10．蝴蝶的（这是透过放大镜看到的样子）。

11．昆虫有6只脚，蜘蛛有8只脚。因此，蜘蛛不是昆虫。

12．到水里去，躲到石头下面，躲到坑里、淤泥里或者青苔下面，有的甚至钻到地窖里去。

13．每一种鸟的脚，都是适应它的生活条件的。生活在地上的鸟，需要能适应在地上走，因此脚趾是直的，张得很开，脚（距骨）生得很高。生活在树上的鸟的脚需要能立在树枝上，因此它的脚趾弯曲，靠得很拢，有很强的攀缘能力，脚很短。水禽的脚需要适应游水，要像桨一样，因此鸭子的脚趾之间有蹼膜相连，鸊鷉的脚趾上，还有很硬的瓣膜，好帮助脚划水。

14．田鼠的脚，它的脚要适应挖土，就像鱼鳍适应划水一样。

15．耳鸮的竖起的"耳朵"只不过是两簇羽毛（角羽）。真正的耳朵在两簇羽毛的下面。

16．从树上落下来的叶子。

17．河。河水上的泡沫。

18．莩草。

19．地平线。

20．过第四年。

21．鸭子、鹅。

22．亚麻。

23．公鸡。

24．鱼。

第9次竞赛

1．在河边、湖边的洞里。

2．鸟最怕饥饿。例如野鸭、天鹅、鸥，如果它们有东西吃，也就是说，有些地方的水没有被冰封住，那么有时它们会在我们这里留一冬天。

3．晚。

4．啄木鸟把球果塞在大树或树墩的树缝里，用嘴巴给球果加工。这种树或树墩就叫做"啄木鸟的打铁场"。在这种"打铁场"下面的地上，往往积起一大堆被啄木鸟啄坏的球果。

5．北方的雪鸮。

6．指兔子从连接不断的一行脚印中向旁边跳开。

7．在果园里、丛林里、树上。在那些地方，从黄昏时分起，就聚集着大群的鸟。

8. 当最后一批湖泊、水塘、河流冻冰的时候。

9. 秋天（和整个冬天），啄木鸟和成群的山雀、旋木雀、鸭结成伙。

10. 野兽从雪里拖出腿的时候，从小雪坑里拖出了少许的雪，在雪上留下了爪印，这种爪印就叫做"拖迹"。

11. 兔子来回跑了两趟的脚印。

12. 兔子印在雪地上的脚印。

13. 貂。

14. 食肉兽的颚骨，根据它的特别突出的长犬齿很容易认出来，犬齿是食肉兽撕肉用的。食草动物牙齿的任务，是把植物扯下来咬碎，食草动物的犬齿并不突出，门牙倒比较有力些。

15. 风。

16. 狗睡觉；眼睛放光，脚伸开。

17. 盐。

18. 喜鹊。

19. 身背猎物、带枪的猎人。

20. 公牛。

21. 猪。

22. 黄瓜。

23. 榛子。

"神眼"称号竞赛
答案及解释

第6次测验

图1. 小十字是爪印，小点子是钩嘴鹬跑到林中的道路上来，沿着水洼的烂泥岸边找食物（蚯蚓、软体动物等）时留下的。

图2. 这是狐狸干的事。狐狸捉住刺猬后，把它弄死，然后从没有刺的肚子吃起，全部吃光，只留下刺猬的整个外皮。

第7次测验

图1. 这是啄木鸟干的事。它像医生给病人听诊那样，把长了虫的树里的害虫幼虫给敲出来。它围着树干跳着移动，在树干上敲着，于是它的坚硬的尖嘴就在树干上凿出一圈小洞。

图2. 金翅雀非常喜欢牛蒡的头状花。

图3. 这是熊干的事。它用脚爪把云杉树皮一条条地剥下来，拖到它的洞里去做垫褥，冬天好睡在软一些的褥子上。

第8次测验

1. 是猫的脚印。
2. 灰鼠。灰鼠的尾巴可以做帽子、衣领、耳套和其他方面防寒用品。